Laila Tataie

Méthodes simplifiées pour l'évaluation sismique des bâtiments

Laila Tataie

Méthodes simplifiées pour l'évaluation sismique des bâtiments

Des approches quasi-statiques

Presses Académiques Francophones

Mentions légales / Imprint (applicable pour l'Allemagne seulement / only for Germany)
Information bibliographique publiée par la Deutsche Nationalbibliothek: La Deutsche Nationalbibliothek inscrit cette publication à la Deutsche Nationalbibliografie; des données bibliographiques détaillées sont disponibles sur internet à l'adresse http://dnb.d-nb.de.

Toutes marques et noms de produits mentionnés dans ce livre demeurent sous la protection des marques, des marques déposées et des brevets, et sont des marques ou des marques déposées de leurs détenteurs respectifs. L'utilisation des marques, noms de produits, noms communs, noms commerciaux, descriptions de produits, etc, même sans qu'ils soient mentionnés de façon particulière dans ce livre ne signifie en aucune façon que ces noms peuvent être utilisés sans restriction à l'égard de la législation pour la protection des marques et des marques déposées et pourraient donc être utilisés par quiconque.

Photo de la couverture: www.ingimage.com

Editeur: Presses Académiques Francophones est une marque déposée de
Südwestdeutscher Verlag für Hochschulschriften GmbH & Co. KG
Heinrich-Böcking-Str. 6-8, 66121 Sarrebruck, Allemagne
Téléphone +49 681 37 20 271-1, Fax +49 681 37 20 271-0
Email: info@presses-academiques.com

Produit en Allemagne:
Schaltungsdienst Lange o.H.G., Berlin
Books on Demand GmbH, Norderstedt
Reha GmbH, Saarbrücken
Amazon Distribution GmbH, Leipzig
ISBN: 978-3-8381-7011-4

Imprint (only for USA, GB)
Bibliographic information published by the Deutsche Nationalbibliothek: The Deutsche Nationalbibliothek lists this publication in the Deutsche Nationalbibliografie; detailed bibliographic data are available in the Internet at http://dnb.d-nb.de.

Any brand names and product names mentioned in this book are subject to trademark, brand or patent protection and are trademarks or registered trademarks of their respective holders. The use of brand names, product names, common names, trade names, product descriptions etc. even without a particular marking in this works is in no way to be construed to mean that such names may be regarded as unrestricted in respect of trademark and brand protection legislation and could thus be used by anyone.

Cover image: www.ingimage.com

Publisher: Presses Académiques Francophones is an imprint of the publishing house
Südwestdeutscher Verlag für Hochschulschriften GmbH & Co. KG
Heinrich-Böcking-Str. 6-8, 66121 Saarbrücken, Germany
Phone +49 681 37 20 271-1, Fax +49 681 37 20 271-0
Email: info@presses-academiques.com

Printed in the U.S.A.
Printed in the U.K. by (see last page)
ISBN: 978-3-8381-7011-4

A mes parents

A ma chère sœur

Méthodes simplifiées basées sur une approche quasi-statique pour l'évaluation de la vulnérabilité des ouvrages soumis à des excitations sismiques

Résumé

Dans le cadre de la protection du bâti face au risque sismique, les techniques d'analyse simplifiées, basées sur des calculs quasi-statiques en poussée progressive (calculs de pushover), se sont fortement développées au cours des deux dernières décennies. Le travail de thèse a pour objectif d'optimiser une stratégie d'analyse simplifiée proposée par Chopra et al. (2001) et adoptée par les normes américaines FEMA 273. Il s'agit d'une analyse modale non linéaire découplée, dénommée par les auteurs UM-RHA ("Uncoupled Method for Response History Analysis") qui se caractérisent principalement par : des calculs de type pushover selon les modes de vibration dominants de la structure, la création de modèles à un degré de liberté non linéaire à partir des courbes de pushover, puis le calcul de la réponse temporelle de la structure en recombinant les réponses temporelles associées à chaque mode de vibration. Le découplage des réponses temporelles non linéaires associées à chaque mode constitue l'hypothèse forte de la méthode UMRHA.

Dans ce travail, la méthode UMRHA a été améliorée en investiguant les points suivants. Tout d'abord, plusieurs modèles à un degré de liberté non linéaire déduits des courbes de pushover modal sont proposés afin d'enrichir la méthode UMRHA originelle qui emploie un simple modèle élasto-plastique : autres modèles élasto-plastiques avec des courbes enveloppes différentes, le modèle de Takeda prenant en compte un comportement hystérétique propre aux structures sous séismes, et enfin, un modèle simplifié basé sur la dégradation de fréquence en fonction d'un indicateur de dommage. Ce dernier modèle à un degré de liberté privilégie la vision de la chute de fréquence au cours du processus d'endommagement de la structure par rapport à une description réaliste des boucles d'hystérésis. La réponse totale de la structure est obtenue en sommant les contributions non linéaires des modes dominants aux contributions linéaires des modes non dominants. Enfin, la dégradation des déformées modales, due à l'endommagement subi par la structure au cours de la sollicitation sismique, est prise en compte dans la nouvelle méthode simplifiée M-UMRHA ("Modified UMRHA") proposée dans ce travail, en généralisant le concept précédent de dégradation des fréquences modales en fonction d'un indicateur de dommage : la déformée modale devient elle-aussi dépendante d'un indicateur de dommage, le déplacement maximum en tête de l'ouvrage ; l'évolution de la déformée modale en fonction de cet indicateur est directement identifiée à partir des calculs de pushover modal.

La pertinence de la nouvelle méthode M-UMRHA est investiguée pour plusieurs types de structures, en adoptant des modélisations éprouvées dans le cadre de la simulation des structures sous séismes : portique en béton armé modélisé par des éléments multifibres avec des lois non linéaires cycliques unidimensionnelles pour le béton et les armatures, remplissage en maçonnerie avec des éléments barres diagonales résistant uniquement en compression, bâti existant contreventé (Hôtel de Ville de Grenoble) avec des approches coques multicouches et des modèles constitutifs biaxiaux non linéaires se basant sur le concept de fissuration fixe et répartie. Les résultats obtenus par la méthode simplifiée proposée sont comparés aux résultats de référence issus de l'analyse temporelle non linéaire dynamique.

Mots-Clés : Procédure Pushover- combinaison modale des réponses dynamiques - système non linéaire à un degré de liberté – déformée modale évolutive – indicateur de dommage

Table des matières

Table des figures

15

Liste des tableaux

Introduction générale

Dans le cadre de la protection des structures du génie civil vis-à-vis du risque sismique, la modélisation par la méthode aux Eléments Finis fournit un outil puissant d'évaluation de la vulnérabilité structurelle. Néanmoins, malgré les avancées technologiques en termes de ressources informatiques (rapidité des processeurs, parallélisation, capacité de stockage accrue, ...), la mise en place et la réalisation de calculs dynamiques non linéaires temporels restent souvent délicates pour les acteurs de la construction. De plus, outre le temps pour modéliser la structure en ne conservant que les éléments contribuant à la résistance face à la sollicitation sismique, l'ingénieur se heurte à la difficulté du choix d'une excitation temporelle probable. En effet, cette excitation temporelle peut être issue d'un spectre d'accélération réglementaire, avoir été sélectionnée dans une base de données ou bien être générée de façon synthétique à partir d'une modélisation de rupture de faille et de propagation d'ondes dans le sol. Dans tous les cas, la confiance que l'on peut avoir en l'excitation temporelle adoptée est relative et conduit souvent à la sélection d'un certain nombre d'excitations afin de tenter de mieux maîtriser l'aléa externe.

Ces difficultés de réalisation d'un calcul dynamique non linéaire et l'influence du choix d'un panel d'excitations sismiques sur la vulnérabilité d'une structure plaident pour des approches simplifiées plus familières à l'ingénieur. Ainsi, depuis deux décennies, les méthodes de type quasi-statique, communément appelées méthodes "pushover" se sont développées en cherchant à estimer la capacité de la structure à résister au séisme sans avoir recours à une analyse dynamique. Ces méthodes sont maintenant bien présentes au sein des codes de protection parasismique comme l'Eurocode 8 (méthode N2 de Fajfar) ou le FEMA-273. En dépit de leur simplicité conceptuelle par rapport à une approche rigoureuse du problème, il est reconnu que ces méthodologies permettent de bien cerner la capacité structurelle vis-à-vis d'un séisme donné. Leur principe peut être schématisé de la façon suivante : il s'agit de modéliser la structure par une technique de discrétisation spatiale (principalement la méthode aux éléments finis), construire une courbe dite de pushover qui prend la forme d'un effort tranchant à la base en fonction d'un déplacement en tête de la structure, et à partir de cette courbe, définir des modèles simplifiés qui permettent d'obtenir la réponse de la structure soumise à une excitation donnée.

Dans le cadre des approches simplifiées quasi-statiques, la contribution essentielle de ce travail est de mettre en place des stratégies pour améliorer la prédiction vis-à-vis du calcul de référence, donné par l'analyse dynamique non linéaire. Conformément aux étapes requises pour l'estimation de la vulnérabilité d'une structure par les approches simplifiées quasi-statiques, plusieurs pistes d'amélioration ont été prospectées.

Le premier point est de mettre en place des modélisations pertinentes pour la structure que ce soit dans le domaine de la statique ou de la dynamique non linéaire. En effet, en dehors des considérations sur le type d'analyse à adopter (dynamique ou statique), il convient de modéliser au mieux les structures investiguées : cela concerne principalement le type d'éléments finis à adopter pour modéliser les éléments résistants de la structure et les lois de comportement de matériaux adéquates du point de vue des phénomènes de dégradation qui ont lieu au sein des matériaux. La pertinence de la modélisation est assurée en prenant des stratégies éprouvées : les poutres et poteaux en béton armé sont modélisés par des éléments finis de type poutre multifibres avec des lois de comportement béton et acier unidimensionnelles non linéaires qui reproduisent les dégradations au cours de chargement monotone et cyclique ; des éléments de type coque multicouches sont adoptés pour les voiles de contreventement, en associant à chaque sous-couche une loi de comportement bidimensionnelle basée sur un concept de fissuration fixe et répartie ; les panneaux de maçonnerie sont reproduits au travers d'une approche globale avec des éléments de type barre diagonale, associés à un comportement non linéaire reproduisant la dégradation des caractéristiques mécaniques de la bielle qui se forme sous séismes.

Une fois le modèle mis en place (discrétisation spatiale par la méthode aux éléments finis, lois de comportement des matériaux), la première étape des méthodes quasi-statiques est d'obtenir une courbe de chargement quasi-statique ou plus simplement courbe de pushover. La difficulté principale réside alors dans le choix des efforts à appliquer sur la hauteur de la structure en tentant de reproduire au mieux les efforts inertiels que la structure subirait lors d'un séisme. De nombreuses variantes sont proposées dans la littérature. Le chargement quasi-statique peut être réalisé avec des efforts dont la répartition sur la hauteur du bâtiment est invariante, ou bien avec des efforts dont la répartition est évolutive au cours du chargement afin de mieux reproduire les dégradations de rigidité ayant lieu au cours d'un séisme. Par ailleurs, l'effort appliqué peut être issu d'une répartition donnée à priori (par exemple linéaire sur la hauteur), résulter d'une déformée modale particulière (généralement le mode fondamental) ou bien être le résultat d'une combinaison de modes (calcul de forces élastiques issues d'un calcul spectral conventionnel). Parmi l'ensemble de ces approches, une méthode est particulièrement attractive : il s'agit de la méthode UMRHA ("Uncoupled Method Response History Analysis"), proposée par Chopra *et al.* (2001), qui est basée sur une méthode de sommation temporelle de modes non linéaires. Les caractéristiques principales de cette méthode UMRHA sont données ci-dessous :

– Les calculs de pushover sont effectués pour plusieurs déformées modales (trois premiers modes dominants) en ne considérant que des chargements invariants.

– Chaque courbe permet la construction d'un modèle simplifié non linéaire à un degré de liberté qui, soumis à une accélération donnée,

23

fournit la réponse temporelle du mode considéré.

– La réponse totale de la structure en termes de déplacement est obtenue en sommant les contributions modales non linéaires.

L'hypothèse centrale de la méthode est de décomposer la réponse en contributions modales, bien que l'on soit dans le domaine non linéaire. Les auteurs proposent finalement la méthode MPO ("Multi Modal Pushover") en combinant les maximaux des réponses modales non linéaires suivant les méthodes classiques de combinaison modale SRSS ("Square Root of the Sums of the Squares") ou CQC ("Complete Quadratic Combination") utilisées en dynamique linéaire.

Dans ce travail, en se basant sur les travaux de Chopra *et al.* (2001), une nouvelle méthode d'analyse modale non linéaire découplée, baptisée M-UMRHA ("Modified UMRHA") est proposée pour l'analyse sismique des structures. Le chargement, considéré comme invariant au cours du pushover modal, est de nouveau défini par la multiplication de la matrice de masse par les déformées modales. Les courbes de pushover modal ainsi obtenues permettent de construire des systèmes non linéaires à un degré de liberté qui enrichissent la méthode originelle UMRHA, basée uniquement sur un simple modèle de type global élasto-plastique. En particulier, le modèle simplifié à un degré de liberté basé sur la dégradation de fréquence structurelle en fonction du maximum de déplacement en tête de la structure, utilisée par Brun *et al.* (2003, 2011) pour la réponse temporelle de voiles courts en béton armé sous séismes, s'avère être une option intéressante. Enfin, la contribution temporelle d'un mode donné est calculée en considérant de façon simplifiée l'aspect évolutif des déformées modales au cours du processus d'endommagement de la structure. Plus précisément, en tout début de chargement de type pushover modal, la déformée statique correspond exactement à la déformée modale de la structure indemne. Lorsque les dégradations de rigidité interviennent, la déformée statique évolue. Cette évolution de la déformée modale, identifiée de façon

24

simplifiée à partir du calcul de pushover modal, est prise en compte pour le calcul de la contribution modale non linéaire suivant le même concept que précédemment utilisé. Ainsi, pour chaque mode considéré, l'approche M-UMRHA proposée s'appuie sur une double dépendance de la fréquence structurelle et de la forme de la déformée modale fonction d'un indicateur de dommage global, défini comme le déplacement maximum en tête de la structure.

Pour les structures considérées dans ce travail (portique en béton armé, portique en béton armé avec remplissage en maçonnerie, bâtiment contreventé de 15 étages), un ou deux modes dominants sont dégagés. Les contributions modales non linéaires sont alors sommées dans le domaine temporel, en les ajoutant aux contributions modales linéaires des modes non dominants. La pertinence de l'approche M-UMRHA, qui est fonction du type de systèmes non linéaires à un degré de liberté sélectionnés, est évaluée en comparant les déplacements aux étages et les déplacements différentiels entre les étages à ceux obtenus par la méthode d'analyse dynamique non linéaire.

Le manuscrit est scindé en six chapitres. Dans **le premier chapitre**, les procédures simplifiées d'estimation de la demande sismique, basées sur des calculs quasi-statiques, sont synthétisées. Les différences entre les méthodes proposées dans la littérature portent principalement sur le type de chargement considéré dans le calcul de pushover ainsi que la manière de prendre en compte l'ensemble des modes pour évaluer la demande sismique totale.

L'analyse dynamique linéaire et non linéaire est présentée au début du **deuxième chapitre** afin d'introduire les hypothèses faites dans le cadre de la méthode UMRHA de Chopra *et al.* (2001). Les différentes stratégies concernant les systèmes non linéaires à un degré de liberté équivalents construits à partir de courbes de pushover, sont exposées. Est exposée l'approche de double dépendance de la fréquence structurelle et de la déformée modale fonction du maximum de déplacement en tête de la structure. La réponse totale prend alors la forme d'une combinaison de réponses temporelles modales non linéaires pour les modes dominants et linéaires pour les modes non dominants.

Le **troisième chapitre** est consacré à la classification des indicateurs de dommage proposés dans la littérature. Un indicateur de dommage pertinent pour les structures du génie civil est adopté. Il s'agit du maximum de déplacement différentiel entre les étages, de type non cumulatif, pertinent à un niveau global pour un bâtiment, dont les seuils d'endommagement sont explicités par les différentes normes : Eurocode 8, FEMA-273 et HAZUS.

Le **quatrième chapitre** présente les choix de modélisation pour les structures en béton armé et maçonnées, incluant les éléments finis utilisés et les lois de comportement adoptées qui reproduisent les phénomènes de dégradation locale mis en jeu au sein des matériaux constitutifs lors des sollicitations sismiques.

L'évaluation de la pertinence de l'approche proposée d'analyse modale non linéaire découplée modifiée, désignée par M-UMRHA, est conduite au sein du **cinquième chapitre**. Les résultats de référence sont donnés par l'analyse dynamique temporelle non linéaire. Le but est de disposer d'un modèle simplifié, capable de prédire de façon très rapide la réponse de la structure considérée en termes de déplacements et de déplacements différentiels. Deux types de structures sont analysés : un portique en béton armé de la structure SPEAR de trois étages et deux baies, et le même portique avec un remplissage en maçonnerie.

Enfin, dans le **sixième chapitre**, la méthode d'analyse modale non linéaire découplée modifiée (M-UMRHA) est appliquée à l'Hôtel de Ville de Grenoble qui a fait l'objet de plusieurs études dans le cadre du programme de recherche ANR ARVISE (Analyse et Réduction de la Vulnérabilité Sismique du Bâti Existant). Un séisme bidirectionnel synthétique est considéré à la base de l'Hôtel de Ville de Grenoble. La vulnérabilité de l'Hôtel de Ville de Grenoble face à un chargement sismique est évaluée en considérant deux niveaux d'accélération à la base. L'analyse dynamique non linéaire bidirectionnelle nous permet de visualiser les résultats locaux en termes de déformations dans le béton et les armatures des voiles ainsi que les résultats globaux en termes de déplacements et de déplacements différentiels entre les étages. Les résultats de la méthode simplifiée M-UMRHA sont comparés aux résultats de référence issus de l'analyse dynamique non linéaire. Finalement, l'évaluation du dommage subi par l'Hôtel de Ville de Grenoble est déterminée suivant les valeurs prises par l'indicateur de dommage considéré dans cette étude (le déplacement différentiel entre étages) en se référant aux normes Eurocode8, FEMA 273 et HAZUS.

1 Procédures simplifiées basées sur des calculs quasi-statiques

1.1 Introduction

La pratique dans le domaine de l'ingénierie sismique est basée sur une approche linéaire, en identifiant les modes de vibration puis en recombinant les contributions de chaque mode sur une base modale tronquée. Cette approche n'est strictement valable que pour une structure restant dans le domaine linéaire. Dans les règles d'ingénierie du génie parasismique, la prise en compte de la ductilité de la structure (capacité de la structure à aller au-delà du domaine linéaire élastique) s'effectue de façon simplifiée par un coefficient dit de comportement. La méthode la plus fiable et la plus rigoureuse pour prédire la capacité d'une structure sous l'action sismique est d'effectuer une analyse dynamique non linéaire en utilisant des éléments finis et des lois de comportement adaptés aux éléments structurels. Néanmoins, une telle technique peut s'avérer longue et complexe en termes de temps de mise en place de la modélisation et des temps de calcul. Ces dernières années, des procédures simplifiées d'évaluation de conception basées sur une analyse statique non linéaire ont été de plus en plus développées. Selon plusieurs auteurs, la procédure simplifiée dite d'analyse de pushover peut évaluer de façon fiable la capacité de la structure et fournir, en dépit de sa simplicité conceptuelle, une évaluation précise de la demande sismique avec un coût de temps de calcul réduit.

L'objectif de ce chapitre est de présenter deux catégories de procédure de pushover proposées dans la littérature : la procédure non adaptative avec plusieurs types de chargement invariants au cours du chargement quasi-statique et la procédure adaptative où le chargement est actualisé au cours du chargement. Ensuite, l'influence de modes supérieurs ainsi que l'effet des caractéristiques d'un système à un degré de liberté sur l'évaluation de la réponse globale de la structure sont abordés.

1.2 Procédure non adaptative

Dans l'analyse statique conventionnelle, la courbe de pushover qui représente la force à la base en fonction du déplacement en tête est obtenue en appliquant un chargement monotone sur la hauteur de la structure. La procédure conventionnelle adopte un modèle de chargement invariant durant l'analyse. Cette approximation est l'une des limitations les plus importantes des méthodes traditionnelles, car durant l'événement sismique la distribution de forces d'inertie change avec la dégradation structurelle, qui modifie la rigidité des différents éléments structurels. Diverses procédures non-linéaires statiques pour l'évaluation du risque sismique ont été proposées dans la littérature. Ces procédures sont considérées comme des méthodes efficaces pour évaluer la sûreté des structures face au risque sismique et prévenir leurs ruines.

Avant d'aborder les procédures non adaptatives de pushover, il apparaît intéressant de présenter plusieurs types de chargement invariants appliqués durant l'analyse conventionnelle de pushover et proposés dans la littérature. Dans un premier temps, les méthodes conseillées par les codes d'ingénierie sont présentées ; cela comprend les codes de construction américains comme le FEMA-273 et le FEMA-440, ainsi que les distributions d'efforts sismiques réglementaires données par l'Eurocode 8. Ensuite, des distributions d'efforts proposées dans la littérature sont présentées visant à donner une répartition de chargement représentative des efforts sismiques au travers d'une simple analyse quasi-statique en poussée progressive ("Pushover").

Trois types de distribution de la force latérale non adaptative ont été définis par le FEMA-273 (1997) :

* une distribution uniforme des forces latérales supposées proportionnelles à la masse totale de chaque étage par :

$$F_i = \frac{m_i}{\sum m_i} \tag{1.1}$$

où F_i est la force latérale à l'étage i et m_i est la masse de l'étage i.

* des forces latérales équivalentes à chaque étage données par la formule suivante :

$$F_i = \frac{m_i.h_i^k}{\sum m_i.h_i^k} \tag{1.2}$$

où h_i est la hauteur de l'étage i au-dessus de la base, avec $k = 1$ pour une période fondamentale de la structure $T_1 \leq 0.5\,s$, $k = 2$ pour une période propre de la structure $T_1 > 2.5\,s$, l'interpolation linéaire étant utilisée pour estimer la valeur intermédiaire si la période fondamentale se situe entre les deux valeurs précédentes. La distribution des forces latérales équivalentes peut être utilisée si plus de 75% de la masse totale participe au mode fondamental dans la direction considérée.

* la distribution de SRSS ("Square Root of the Sum of the Squares") : le modèle de chargement considère les effets des modes de vibration supérieurs. Les forces latérales à chaque étage sont le résultat de la combinaison des contributions des modes de vibration par la méthode de la racine carrée de la somme des carrés (SRSS). La méthodologie classique d'analyse modale est ici mobilisée pour obtenir des chargements représentatifs d'un calcul réglementaire. Les étapes de la procédure de calcul de cette distribution latérale sont données ci-dessous :

– Calcul de la force latérale à l'étage i pour le mode n par la formule classique :

$$F_{in} = \Gamma_n.m_i.\phi_{in}.A_n \tag{1.3}$$

où Γ_n est le facteur de participation modale pour un mode n, ϕ_{in} est la déformée modale à l'étage i pour un mode n, A_n est la pseudo-accélération d'un système à un degré de liberté relatif au mode n.

– Calcul de la force de cisaillement d'un étage donné en sommant les forces latérales relatives à l'étage considéré ainsi qu'aux étages supérieurs :

$$V_{in} = \sum_{j \geq i}^{N} F_{jn} \qquad (1.4)$$

où N est le nombre des étages.

– Combinaison des forces modales de cisaillement en utilisant la règle SRSS par :

$$V_i = \sqrt{\sum_n (V_{in})^2} \qquad (1.5)$$

– Calcul des forces latérales en chaque étage F_i à partir de la force modale de cisaillement combinée V_i obtenue précédemment, en commençant par l'étage supérieur :

$$\begin{aligned} F_i &= V_i - V_{i+1} & i &= 1 \, \grave{a} \, N \\ F_N &= V_N & i &= N \end{aligned} \qquad (1.6)$$

– Normalisation des forces latérales en chaque étage par la valeur de cisaillement à la base :

$$F_i' = F_i / \sum F_i \qquad (1.7)$$

Le nombre des modes dans la distribution de SRSS est suffisant quand les modes capturent 90% de la masse totale.

Selon FEMA-440 (2005), plusieurs modèles de chargement non adaptatifs utilisés dans l'analyse conventionnelle de pushover peuvent être considérés pour obtenir la courbe de pushover :

– Charge concentrée : c'est le chargement le plus simple qui considère une seule force appliquée en tête de la structure.
– La distribution de SRSS (détaillée ci-dessus).
– Uniforme : les forces effectives sismiques sont constantes sur toute la hauteur de la structure.

– Triangulaire : les forces effectives sismiques augmentent linéairement de zéro à la base de la structure à une valeur maximale en tête.

– La distribution parabolique, qui est la même que les forces latérales équivalentes détaillées précédemment dans FEMA-273 (1997).

– Premier mode de vibration : les forces effectives sismiques sont proportionnelles à la déformée modale du premier mode.

La méthode d'analyse simplifiée utilisant le spectre de réponse réglementaire a été proposée dans l'Eurocode 8 (2000). La distribution des forces sismiques horizontales selon cette méthode est exprimée en substituant la masse totale de la structure à la masse associée au mode de vibration fondamental dans la direction considérée par :

$$F_i = F_b \frac{s_i.W_i}{\sum s_j.W_j} \qquad (1.8)$$

où F_i est la force horizontale à l'étage i, (s_i, s_j) sont les composantes du mode de vibration fondamental dans la direction considérée des masses (m_i, m_j), (W_i, W_j) sont les poids des masses (m_i, m_j) et F_b est l'effort tranchant sismique à la base qui est donné par l'expression suivante :

$$F_b = \lambda.S_d(T_1).W \qquad (1.9)$$

où λ est un coefficient correctif défini dans le code, $S_d(T_1)$ est l'ordonnée du spectre de réponse en déplacement pour la période fondamentale de vibration T_1 et W est le poids total de la structure.

La distribution des forces horizontales (Eq. 1.8) est modifiée quand le mode fondamental est obtenu de manière approximative, en supposant que les déplacements horizontaux croissent linéairement le long de la hauteur de la structure. Alors l'équation 3 se réécrit sous la forme suivante :

$$F_i = F_b \frac{z_i.W_i}{\sum z_j.W_j} \qquad (1.10)$$

où (z_i, z_j) sont les hauteurs des masses (m_i, m_j) au-dessus du niveau d'application de l'action sismique (fondation).

Fajfar a proposé une méthode d'analyse statique non-linéaire, nommée méthode N2 (Fajfar, 2000), qui a été par la suite introduite dans l'Eurocode 8 (2004). Cette méthode combine l'analyse de pushover d'un système de plusieurs degrés de liberté avec l'analyse du spectre de réponse d'un système équivalent à un seul degré de liberté. La courbe de pushover est obtenue en appliquant à la structure un chargement qui augmente de façon monotone en fonction de la première déformée modale (chargement de type quasi-statique). Les spectres inélastiques utilisés dans la méthode N2 sont déterminées à partir des spectres élastiques en appliquant un facteur de réduction. La méthode N2 est appliquée sur un portique en béton armé de quatre étages soumis à trois accélérations (Fajfar, 2000). Les résultats d'un test pseudo dynamique effectué sur la structure ont validé la méthode N2. L'application de méthode N2 est limitée à l'analyse des structures symétrique pouvant se réduire à une analyse bi-dimensionelle.

Dans le cas de structures non symétriques en plan, le comportement de torsion peut être déterminé par deux paramètres structurels définis comme les rapports entre la fréquence associé au mode de torsion et les fréquences associées aux modes de flexion. Les structures sont classées en deux types selon les valeurs de ces paramètres. En premier lieu, les paramètres inférieurs à 1 correspondent aux structures flexibles en torsion où le premier mode est un mode de torsion : ainsi, le mode en torsion, accompagné des modes de flexion, contribuent de manière significative à la réponse dans une direction considérée. En second lieu, les paramètres supérieurs à 1 correspondent aux structures rigides en torsion où les deux premiers modes sont des modes de flexion : ainsi, les déplacements dans une direction donnée sont contrôlés par un seul mode de flexion.

Comme indiqué par Fajfar (2000), la méthode N2 donne des résultats précis quand la structure oscille principalement suivant le premier mode de flexion.

Dans le cas (structures non symétriques et rigides en torsion), où la réponse dans chaque direction est dominée par un seul mode de vibration (modes de translation), Fajfar (2002) a proposé que la méthode N2 puisse être étendue : l'auteur a prouvé qu'elle pouvait donner des résultats raisonnables pour ces structures rigides en torsion. Conformément à cette méthode, les effets de torsion sont incorporés en utilisant des analyses de pushover d'un modèle structurel 3D. Deux analyses indépendantes sont réalisées avec deux distributions différentes de forces (une distribution pour chaque direction horizontale). Par exemple, dans la direction X, les forces appliquées sont proportionnelles à la déformée modale du mode dominant (mode de flexion) dans cette direction en ne considérant que la composante en X. Egalement, pour la direction Y, la distribution des forces sont en fonction de la composante Y de la déformée modale du mode dominant de flexion dans cette direction. Selon cette méthode la distribution des forces est basée sur l'hypothèse que la déformée modale du mode considéré reste constante durant l'accélération appliquée. Les résultats pertinents obtenus par ces deux analyses indépendantes, sont combinés par la méthode de la racine carrée des sommes des carrés (SRSS).

Concernant les structures souples en torsion, la méthode N2 étendue a été appliquée par Kerlsin *et al.* (2009) sur une structure existante multi-étages en béton armé qui est non symétrique en plan et irrégulière en hauteur. Les comparaisons des résultats obtenus en termes de déplacement, de rotation et de déplacement différentiel entre étages par la méthode N2 avec celles de l'analyse non linéaire dynamique prouvent que la méthode N2 donne des résultats satisfaisants pour l'analyse sismique des structures complexes.

Une autre méthode simplifiée de l'analyse de pushover nommée méthode R a été proposée pour évaluer le comportement de torsion par Lucchini *et al.* (2008). Cette méthode est basée sur un modèle de chargement proportionnel au premier mode, où les forces concentrées sont appliquées au centre de la résistance de chaque étage (RC). La méthode R a été appliquée sur une structure de trois étages non symétriques en plan pour l'évaluation de la demande sismique des structures asymétrique-plan multiétages. La méthode R a été validée en comparant les résultats obtenus en termes de déplacement maximal à chaque étage avec celle de l'analyse non linéaire dynamique pour différents niveaux de l'accélération sismique.

Vamvatsikos *et al.* (2002, 2005) ont proposé une méthode rapide et précise pour évaluer la demande et la capacité sismiques d'un système à plusieurs degrés de liberté dont le premier mode est dominant. La distribution des forces de l'analyse quasi-statique est considérée proportionnelle à la déformée modale du premier mode de vibration. Des portiques comprenant 1 à 20 étages ont été employés pour valider cette méthode. La méthode utilise l'analyse quasi-statique de pushover afin d'obtenir une estimation de la courbe de l'analyse dynamique incrémentale notées IDA ("Incremental Dynamic Analysis") et définie par Vamvatsikos *et al.* (2002, 2005). Il est important de noter que cette courbe est obtenue en considérant un panel d'excitations sismiques dont les niveaux d'accélération sont progressivement augmentés ; la courbe d'analyse dynamique incrémentale est obtenue en reportant les résultats d'analyses dynamiques non linéaires successives en termes de force maximale à la base fonction du niveau d'accélération. Ainsi, la courbe dite IDA est dépendante du panel d'excitations sismiques considérées. La procédure quasi-statique vise à en donner une estimation.

1.3 Procédure adaptative

Dans la littérature, la procédure statique de pushover a été questionnée par les auteurs en investiguant les différents types de chargement. Les deux principaux groupes de chargements proposés sont les chargements adaptatifs et non adaptatifs. Avant d'avancer sur le type de modèle de chargement adaptatif qui s'applique sur la structure pour obtenir la courbe de pushover modal, une précision sur le terme "adaptatif" paraît nécessaire. Le modèle de chargement adaptatif permet de prendre en compte les effets du dommage et la dégradation de rigidité dans chaque intervalle de temps au cours de l'analyse quasi-statique, au contraire du chargement non adaptatif qui considère une répartition constante d'efforts. Plusieurs nouveaux modèles de chargement adaptatif ont été proposés par les auteurs.

Colajanni *et al.* (2008, 2010) ont proposé deux nouveaux modèles de chargement adaptatifs simplifiés par une combinaison de distributions de chargements présentés dans FEMA-440 (2005). Les résultats obtenus en appliquant ces deux modèles de chargement doivent être enveloppés afin d'obtenir des valeurs satisfaisantes par rapport à la méthode rigoureuse d'analyse dynamique non linéaire. Les deux types de modèles de chargement ont la même distribution de forces dans le domaine élastique qui est donnée par :

$$F_i = \alpha_1.(V_i - V_{i+1}) \qquad 0 \leq \alpha_1 \leq \alpha_y \qquad (1.11)$$

où V_i est le cisaillement à l'étage i, α_1 est le facteur de chargement qui varie entre 0 et la valeur maximal lors de plastification α_y.

Les deux modèles sont synthétisées ci-dessous :

– Le premier modèle de chargement est une combinaison de la distribution d'efforts selon la méthode de combinaison modale (SRSS) et d'une distribution uniforme. Elle est donnée par l'expression suivante :

$$F_i = \alpha_y.(V_i - V_{i+1}) + \alpha_2.W_i \qquad i = 1, 2, \ldots, n-1 \qquad (1.12)$$

où W_i est le poids de l'étage i considéré, α_y est le facteur de chargement lors de plastification et α_2 est le nouveau facteur de chargement.

– Le deuxième modèle de chargement est composé d'une distribution

SRSS et d'une distribution parabolique dépendante de la hauteur de l'étage :

$$F_i = \alpha_y.(V_i - V_{i+1}) + \alpha_2.W_i.z_i^2 \qquad i = 1, 2, \ldots\ldots, n-1 \qquad (1.13)$$

où z_i est la hauteur de l'étage i au dessus du niveau de la fondation.

La méthode de Colajanni a été appliquée sur deux types de structures. La première structure est un bâtiment en acier de 12 étages. La deuxième structure est un portique irrégulier en élévation en béton armé de six étages.

Une nouvelle procédure multimodale pour l'analyse de pushover a été introduite par Paraskeva *et al.* (2008, 2010). L'idée essentielle de cette procédure est d'utiliser un concept de déformée modale inélastique de la structure pour calculer le déplacement en certains points de contrôle. La méthode substitue la déformée de la structure soumise à un chargement quasi-statique à la description modale classique. Rappelons que la réponse modale d'une structure dans le domaine élastique relative au mode n de vibration est donnée par :

$$u_n = \Gamma_n.\phi_n.S_{dn} \qquad (1.14)$$

où Γ_n est le facteur de participation modale, ϕ_n est la déformée modale de mode n, S_{dn} est le déplacement spectral d'un système à un degré de liberté relatif au mode n. Quand la structure subit des effets inélastiques, la réponse modale est recalculée en considérant non pas la déformée modale invariante ϕ_n mais une déformée inélastique ϕ_n', identifiée à partir du calcul quasi-statique selon le mode considéré (pushover modal n). La déformée inélastique adoptée est extraite de la courbe de pushover modal pour la valeur de déplacement en tête défini par l'équation (1.14).

Par conséquent, la valeur du facteur de participation modale Γ_n', qui dépend la déformée modale inélastique ϕ_n', change aussi durant l'analyse quasi-statique. Alors, la réponse modale se réécrit par :

$$u'_n = \Gamma'_n . \phi'_n . S_{dn} \tag{1.15}$$

La réponse totale de la structure est ensuite évaluée en combinant les réponses modales grâce à une règle de combinaison appropriée : les deux règles SRSS et CQC ont été successivement utilisées, les résultats en termes de déplacement obtenus restant très proches (Paraskeva, 2006).

Une procédure adaptative de pushover nommée ("Displacement-based") a été proposée par Antoniou *et al.* (2004a, 2009), par laquelle des déplacements latéraux plutôt que des forces sont appliqués de façon monotone à la structure. Le principal avantage de cette procédure réside dans le fait que les déplacements latéraux appliqués sont directement déterminés par une analyse modale. À chaque étape, la rigidité de la structure et la distribution des forces de cisaillement sont mises à jour pour l'analyse modale.

Un algorithme pour appliquer cette procédure a été implémenté par les auteurs dans le code ("SeismoStruct") : un code d'éléments finis afin d'analyser les structures portiques sous chargement sismique. La définition du vecteur de chargement nominal et de la matrice de masse, le calcul du facteur de chargement, le calcul du vecteur normalisé et enfin la définition du vecteur de chargement sont les quatre principales étapes de cet algorithme. Durant l'analyse quasi-statique non linéaire, les trois dernières étapes sont mises à jour à chaque pas de temps. Les quatre étapes sont brièvement expliquées dans la suite.

Premièrement, le vecteur de chargement nominal U_0 est considéré comme une distribution uniforme sur la hauteur de structure. Les masses concentrées ou consistantes des éléments structurels peuvent être prises en compte afin de définir la matrice de masse m. Deuxièmement, le facteur de chargement λ varie entre 0 et 1, ce facteur augmente automatiquement durant l'analyse quasi-statique jusqu'à atteindre une valeur cible de déplacement ou atteindre la ruine numérique (perte de convergence). A chaque pas de temps, l'amplitude du vecteur de chargement est donnée par :

$$U = \lambda.U_0 \tag{1.16}$$

Troisièmement, le vecteur normalisé $\overline{D}$ utilisé par la suite pour déterminer la forme du vecteur de chargement à chaque pas de temps, est calculé au début du pas de temps suivant. Les valeurs de déplacements des étages D_i utilisés afin de définir le vecteur normalisé $\overline{D_i}$, sont obtenus directement de l'analyse modale à l'instant t par :

$$D_i = \sqrt{\sum_{j=1}^{n} D_{ij}^2} = \sqrt{\sum_{j=1}^{n} (\Gamma_j \phi_{ij})^2} \qquad puis \qquad \overline{D_i} = \frac{D_i}{max D_i} \tag{1.17}$$

où Γ_j est le facteur de participation de mode j, ϕ_{ij} la déformée modale de mode j à l'étage i et n est le nombre des modes. Notons que la déformée modale est mise à jour pour chaque pas de temps, ce qui permet de modifier la forme du chargement imposé en prenant en compte les dégradations subies par la structure au cours du chargement.

Enfin, le vecteur de chargement à l'instant t est obtenu en sommant le vecteur de chargement à l'instant précédent $t-1$ et celui-ci incrémenté par :

$$U_t = U_{t-1} + \Delta U_t = U_{t-1} + \Delta \lambda_t \overline{D_t} U_0 \tag{1.18}$$

où U_{t-1} est le vecteur de chargement à l'instant précédent $t-1$, $\Delta \lambda_t$ est l'incrément de vecteur de chargement, $\overline{D_t}$ est le vecteur normalisé à l'instant t, dont les composantes sont les valeurs de déplacements D_i donnés dans l'équation (1.17), et U_0 est le vecteur de chargement nominal.

La procédure adaptative de ("displacement-based") a été appliquée sur plusieurs types de structures telles que les structures conçues avant et après les codes sismiques et les ponts sous plusieurs accélérations sismiques. Antoniou *et al.* (2004a, 2009) ont prouvé que cette procédure peut prédire

39

avec une grande précision les réponses structurelles locales et globales.

Antoniou *et al.* (2004b) ont également proposé une procédure adaptative de type force imposée ("Force-based") pour laquelle le modèle de chargement est mis à jour pour chaque intervalle de temps durant l'analyse quasi-statique. L'algorithme proposé pour cette procédure suit les mêmes étapes que celui de la procédure ("Displacement-based"). Les étapes de la procédure ("Force-based") sont présentées par la suite. Tout d'abord, l'amplitude du vecteur de chargement est déterminée par :

$$P = \lambda . P_0 \tag{1.19}$$

où λ est le facteur de chargement qui varie entre 0 et 1 et P_0 est le vecteur de chargement nominal qui reste uniforme sur la hauteur de structure durant l'analyse quasi-statique.

Ensuite, à chaque instant t, la mise à jour de l'analyse modale permet de définir les valeurs des forces des étages F_i par :

$$F_i = \sqrt{\sum_{j=1}^{n} F_{ij}^2} = \sqrt{\sum_{j=1}^{n} (\Gamma_j \phi_{ij} m_i S_{a,j})^2} \quad puis \quad \overline{F}_i = \frac{F_i}{\sum F_i} \tag{1.20}$$

où Γ_j est le facteur de participation de mode j, ϕ_{ij} est la déformée modale de mode j à l'étage i, m_i est la masse de l'étage i, $S_{a,j}$ est l'ordonnée de spectre d'accélération correspondant à la période du mode j, $\overline{F}_i$ est le vecteur normalisé et n est le nombre des modes.

Enfin, le vecteur de chargement à l'instant t est obtenu par :

$$P_t = P_{t-1} + \Delta P_t = P_{t-1} + \Delta \lambda_t \overline{F}_t P_0 \tag{1.21}$$

où P_{t-1} est le vecteur de chargement à l'instant précédent $t-1$, $\Delta \lambda_t$ est l'incrément de vecteur de chargement, $\overline{F}_t$ est le vecteur normalisé à l'instant t et P_0 est le vecteur de chargement nominal.

La procédure ("Force-based") a été appliquée sur trois structures : un portique régulier de 12 étages, un portique irrégulier de 8 étages et une structure composée de portiques et de voiles. D'après les auteurs, la procédure adaptative de type force imposée n'offre que peu d'avantage par rapport à la procédure équivalente non adaptative pushover. Notons que les deux procédures basées sur les méthodes de chargement adaptatif s'avèrent assez approximatives en termes de réponses structurelles si on les compare aux résultats de référence issus de l'analyse dynamique non linéaire.

La méthode de la racine carrée de la somme des carrés (SRSS) a été utilisée pour combiner les déplacements modaux (Eq. 1.17) ou les forces modales en chaque étage (Eq. 1.20). Cette méthode de combinaison peut être considérée quand les modes de vibration sont découplés. Par contre, lorsque les modes de vibration sont couplés, la méthode combinaison quadratique complète (CQC) doit être utilisée.

1.4 Système à un degré de liberté équivalent

La méthode d'analyse de pushover est considérée comme intéressante parce que la réponse d'un système à plusieurs degrés de liberté est estimée par la combinaison des réponses modales, du fait que chaque réponse modale est déterminée à partir de l'analyse dynamique d'un système à un seul degré de liberté. Les caractéristiques d'un système équivalent à un seul degré de liberté sont déduites de celles de la structure à plusieurs degrés de liberté. En effet, la courbe de pushover est obtenue à partir du modèle complet de la structure et elle est ensuite utilisée pour déterminer la loi globale associée au système à un seul degré de liberté. En plus du modèle de chargement sélectionné pour l'obtention des courbes de capacité par les méthodes d'analyse de pushover, des systèmes non linéaires à un degré de liberté associés à des lois globales de comportement, issues des courbes de pushover, doivent donc être établis. Les méthodes d'analyse de pushover proposées par Chopra *et al.* (2001) consistent à établir les caractéristiques élastiques du système à un degré de liberté (la pulsation

ω_n et le taux d'amortissement ξ_n), ainsi que les caractéristiques propres au comportement non linéaire. Ainsi, la courbe de pushover modal est utilisée pour construire un modèle de type hystérétique dont la courbe enveloppe des boucles d'hystérésis est calée sur celle de pushover. La méthode de calage proposée par Chopra est basée sur un critère d'énergie équivalente : suivant ce critère, l'aire sous la courbe de pushover doit être égale à l'aire sous la courbe bilinéaire qui constitue celle enveloppe du modèle hystérétique. L'erreur entre les deux aires ne doit pas dépasser la tolérance de 0,01%.

Makarios (2005, 2008) a proposé un système à un degré de liberté non linéaire équivalent qui représente un portique de plusieurs étages. Les caractéristiques de ce système équivalent sont définies par une analyse mathématique. En commençant par une analyse quasi-statique de pushover appliquée sur la structure de plusieurs degrés de liberté sous un chargement monotone qui est donné par :

$$P(t) = Y.P_N.f(t) \tag{1.22}$$

où Y est la déformée modale du mode de vibration, P_N est la valeur de la force en tête du portique et $f(t)$ représente la fonction monotone de temps qui augmente durant l'analyse quasi-statique. La courbe de force de cisaillement à la base de la structure V_0 en fonction de déplacement en tête u_N est obtenue. Le vecteur du déplacement de chaque étage u_0 est aussi extrait au dernier pas de temps de l'analyse de pushover. Le vecteur u_0 peut être réécrire par la formule suivante :

$$u_0 = \psi.u_N \tag{1.23}$$

où $\psi = \{\psi_1\ \psi_2 \ldots \psi_i \ldots \psi_N\}^T$ $\quad et \quad$ $\psi_N = 1$ $\quad i = 1, 2, \ldots, N$: le nombre des étages.

L'idée de cette procédure est d'appliquer une analyse dynamique sur un système à un degré de liberté non linéaire équivalent en utilisant une loi de comportement transformée de la courbe de pushover (V_0, u_N) au lieu d'effectuer une analyse dynamique sur la structure complète de plusieurs degrés de liberté exprimée par l'équation de mouvement suivante :

$$m.\ddot{u}(t) + c.\dot{u}(t) + k.u(t) = P(t) \tag{1.24}$$

où m est la matrice de masse, c est la matrice d'amortissement, k est la matrice de rigidité, $P(t)$ est le vecteur de force (Eq. 1.22) et u est le vecteur de déplacement des étages.

Makarios (2008) a réalisé une analyse mathématique afin de réduire le modèle complet en un système à un degré de liberté non linéaire équivalent décrit sur la Figure 1.1, dont l'équation du mouvement s'écrit :

$$m^*.\ddot{u}_N(t) + c^*.\dot{u}_N(t) + k^*.u_N(t) = L.V_0(t) \tag{1.25}$$

où le terme V_0 représente le chargement dynamique équivalent ; m^*, c^*, k^* et L sont les caractéristiques du système à un degré de liberté non linéaire équivalent et sont données par les relations suivantes :

$$
\begin{aligned}
k^* \quad &est \quad la\,pente\,initiale\,de\,la\,courbe\,de\,pushover \\
L \quad &= \quad k^*/k_0 \\
avec\,k_0 \quad &= \quad \frac{\sum Y_i}{\sum \psi_i.Y_i} \psi^T k \psi \\
m^* \quad &= \quad \frac{L(\sum Y_i).(\sum m_i.\psi_i^2)}{\sum \psi_i.Y_i} \\
c^* \quad &= \quad 2m^* \omega^* \xi_{eq} \\
\omega^* \quad &= \quad \sqrt{k^*/m^*}
\end{aligned}
\tag{1.26}
$$

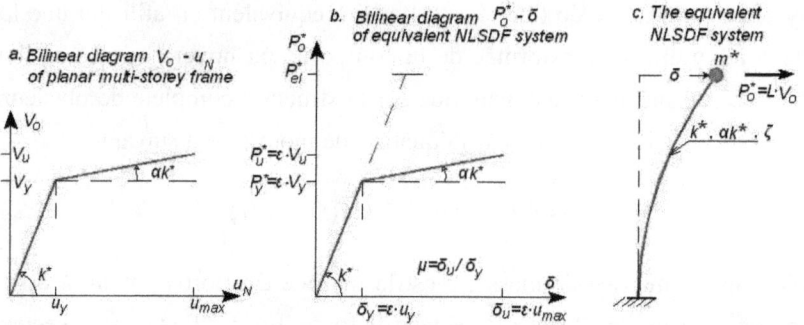

FIGURE 1.1: Caractéristiques du système à un degré de liberté non linéaire équivalent (Makarios, 2008)

La loi globale (P_0^*, δ) associée au système à un degré de liberté non linéaire, nécessaire pour résoudre l'équation 1.25, est déduite de la courbe de pushover (V_0, u_N) (Figure 1.1) en déterminant le facteur de transformation ε qui est utilisé dans les formules suivantes :

$$
\begin{aligned}
\varepsilon &= m^*/m_{tot} \\
m_{tot} &= 1^T.m.1 \\
\delta &= \varepsilon.u_N \\
P_{el}^* &= m^*.S_a^* \\
P_y^* &= \varepsilon.V_y
\end{aligned}
\tag{1.27}
$$

où S_a^* est l'ordonnée du spectre élastique d'accélération de réponse pour la période T^*. Ensuite, le déplacement maximal du système à un degré de liberté équivalent non linéaire δ_t est calculé conformément à l'équation (1.25).

Par conséquent, le déplacement maximal en tête de la structure de plusieurs degrés de liberté est directement déterminé par :

$$
u_N = \delta_t / \varepsilon
\tag{1.28}
$$

Enfin, de l'analyse quasi-statique, le vecteur de déplacements des étages est extrait à l'instant correspondant à la valeur du déplacement en tête précédent u_N (Eq. 1.28). Selon l'auteur une itération peut être réalisée en répétant les étapes de l'équation 1.23 jusqu'à l'équation 1.28 afin d'améliorer les résultats issus de cette procédure. Une série de portiques de plusieurs étages ont été analysées pour évaluer la procédure de Makarios (2005, 2008). D'après les auteurs la combinaison du système équivalent à un degré de liberté avec le spectre de calcul inélastique donne des résultats satisfaisants en termes de déplacement en comparant avec les résultats de l'analyse non linéaire dynamique.

1.5 Combinaison des modes : réponse de système à un degré de liberté

Pour une structure linéaire, la réponse temporelle totale est la somme des réponses modales. Cela conduit aux méthodes classiques de calcul modal temporel. Les méthodes spectrales proposées dans les codes de construction en sont issues, en ne conservant que les maximaux au cours du temps des réponses pour l'ensemble des modes. La réponse totale prend alors la forme classique d'une combinaison de maximaux. Ces méthodes utilisées dans la pratique de l'ingénierie parasismique sont présentées succinctement dans la suite.

Pour les structures non linéaires, il n'est plus possible théoriquement de sommer les réponses associées aux modes de vibration. La méthode modale pushover proposée par Chopra fait l'hypothèse que la réponse totale de la structure garde la forme d'une somme de réponses temporelles. Pour un mode donné, la structure étant non linéaire, il ne s'agit plus de la réponse temporelle d'un système linéaire à un degré de liberté mais de la réponse temporelle d'un système non linéaire à un degré de liberté, construit à partir de la courbe de pushover modal relative au mode considéré.

1.5.1 Système linéaire

La réponse d'un système à plusieurs degrés de liberté est estimée par la combinaison des réponses modales, du fait que chaque réponse modale est déterminée à partir de l'analyse dynamique d'un système linéaire à un seul degré de liberté. La réponse temporelle totale prend la forme d'une somme de réponses modales temporelles. La méthode modale spectrale s'appuie sur la combinaison des réponses modales, maximales au cours du temps. Les maximaux sont combinés selon la méthode de la racine carrée de la somme des carrés (SRSS) par :

$$U = \sqrt{\sum_{i=1}^{n}(U_i)^2} \qquad (1.29)$$

ou en utilisant la méthode de combinaison quadratique complète (CQC) selon la formule :

$$U = \sqrt{\sum_{i=1}^{n}\sum_{j=1}^{n}\rho_{ij}.U_i.U_j} \qquad (1.30)$$

où n est le nombre des modes considérés ; en général il suffit de combiner deux ou trois modes pour obtenir des résultats satisfaisants dans le cas d'un comportement dynamique dominé par le mode fondamental d'après Chopra (2001).

Le coefficient de corrélation ρ_{ij} dans la formule précédente est fonction du rapport $r = \omega_i/\omega_j$ et du taux d'amortissement ξ donné par :

$$\rho_{ij} = \frac{8.\xi^2.(1+r).r^{3/2}}{(1-r^2)^2 + 4.\xi^2.r.(1+r)^2} \qquad (1.31)$$

où ω est la pulsation.

La norme PS92 (2007) propose une analyse modale spectrale. Cette procédure se déroule en deux étapes : déterminer d'abord le nombre des modes propres qui contribuent dans la réponse totale de la structure, puis choisir la méthode pour combiner les réponses modales. Suivant la norme PS92, le nombre de modes propres à considérer dans la procédure d'analyse modale spectrale doit être limité jusqu'à atteindre la fréquence maximale de 33 Hz dans l'analyse modale. Les autres modes peuvent être négligés quand la somme des masses modales dépasse 90% de la masse vibrante totale de la structure. La réponse globale de la structure est obtenue en combinant les valeurs maximales issues de chaque mode de vibration. Deux méthodes de combinaison des réponses modales s'effectuent dans les règles de PS92 dont le choix dépend du coefficient qui exprime la notion de l'indépendance des deux modes de vibration. Les périodes des deux modes i et j permettent de déterminer ce coefficient par l'expression suivante :

$$\rho_{ij} = T_j/T_i \qquad T_j \leq T_i \tag{1.32}$$

Les deux modes i et j sont considérés comme indépendants quant le coefficient ρ vérifie la relation suivante :

$$\rho_{ij} \leq 10/(10 + \sqrt{\xi_i . \xi_j}) \tag{1.33}$$

où (ξ_i, ξ_j) sont les amortissements de ces deux modes.

La méthode de combinaison SRSS (Eq. 1.29) doit être utilisée quand les modes de vibration dont on veut combiner les réponses sont indépendants. Par contre, si certains modes de vibration sont dépendants la combinaison doit s'effectuer par une autre méthode qui prend en compte l'influence de la réponse d'un mode sur les réponses des autres modes. Selon les règles de PS92, la méthode de CQC (Eq. 1.30, Eq. 1.31) peut prendre en compte la dépendance des réponses modales pour obtenir la réponse totale. La méthode de combinaison SRSS est un cas particulier de la méthode de combinaison CQC où tous les modes de vibration sont indépendants.

1.5.2 Système non linéaire

Une procédure de combinaison de modes a été proposée par Paret *et al.*

(1996) pour une structure non linéaire. Selon cette procédure les analyses de pushover sont effectuées pour plusieurs modes. Le modèle de chargement durant chaque analyse de pushover est déterminé en multipliant le poids de chaque étage par la déformée modale. De plus, les courbes modales de pushover sont établies indépendamment pour chaque mode. Le mode de vibration le plus contraignant vis-à-vis de la ruine de la structure est identifié par un indice de criticité modale ("MCI"). Deux structures en acier de 17 étages ont été évaluées pour identifier les mécanismes de ruine provoquées par les effets des modes supérieurs (modes 2 et 3 par rapport un mode 1 fondamental). La première structure est considérée comme une structure de poutres rigides et la deuxième comme une structure de poteaux rigides. Trois modes de vibration sont pris en compte dans la direction considérée. Les résultats ont montré les effets importants des modes supérieurs sur le comportement des structures et sur le scénario de ruine.

La procédure modale pushover appliquée sur les systèmes non linéaires afin d'évaluer les demandes sismiques a été considérée comme suffisamment correcte selon Chopra *et al.* (Chopra 1995, Chopra *et al.* (2001, 2002)). De nouveau, les analyses de pushover sont effectuées pour plusieurs modes : les courbes modales de pushover sont établies indépendamment pour chaque mode. Pour chaque mode, un système non linéaire à un degré de liberté est construit (seuls les trois premiers modes dans une direction sont considérés). La réponse temporelle relative à chaque mode est calculée en considérant le système non linéaire à un degré de liberté soumis à l'accélération considérée.

Ensuite, les effets des modes supérieurs (modes 2 et 3) dans les cas de structures non linéaire sont pris en compte en sommant simplement l'histoire des réponses temporelles modales :

$$u(t) = \sum_{n=1}^{N} u_n(t) \tag{1.34}$$

Suivant cette procédure, les auteurs ont proposé de négliger le couplage entre les contributions modales dans la combinaison en temps dans la procédure baptisée UMRHA ("Uncoupled Modal Response History Analysis") : la réponse d'un mode est supposée non influencée par les autres réponses modales, permettant ainsi de découpler le système d'équations comme cela est fait pour une structure linéaire. Même s'il s'agit d'une hypothèse forte, les résultats obtenus à partir de la procédure d'UMRHA en l'appliquant sur un portique de neuf étages sont considérés comme suffisamment précis pour obtenir des réponses globales fiables en termes de déplacements différentiels entre les étages et de rotations aux niveaux des rotules plastiques. Bien que la méthode soit validée essentiellement pour des structures symétriques, la méthode modale pushover pour les structures non symétriques fournit une estimation acceptable des réponses sismiques en termes de déplacements et en termes de déplacements différentiels entre étages selon Chopra *et al.* (2004, 2006). La procédure a été appliquée sur une structure non symétrique de neuf étages. Les forces appliquées sur les structures non symétriques suivant chaque mode comprennent deux forces latérales et un moment appliqués sur chaque plancher :

$$
s_n = \left\{ \begin{array}{c} s_{xn} \\ s_{yn} \\ s_{\theta n} \end{array} \right\} = \Gamma_n m \, \phi_n = \Gamma_n \left\{ \begin{array}{c} m_x.\phi_{xn} \\ m_y.\phi_{yn} \\ I_0.\phi_{\theta n} \end{array} \right\} \tag{1.35}
$$

où Γ_n est le facteur de participation modale, m est la matrice de masse diagonale composée de trois sous-matrices diagonales (m_x, m_y, I_0) et ϕ_n est le mode de vibration constituée de trois sous-vecteurs $(\phi_{xn}, \phi_{yn}, \phi_{\theta n})$.

Han *et al.* (2006) ont aussi montré que la méthode modale pushover permet d'obtenir des courbes d'analyse dynamique incrémentale ("IDA") suffisamment proches de celles issues d'une analyse dynamique non linéaire rigoureuse. Cette méthode de IDA approximative se révèle être valable du domaine élastique jusqu'à un haut niveau de dommage. Trois structures de 3, 9 et 20 étages ont été analysées pour évaluer la méthode ainsi que l'influence des modes supérieurs. Les résultats de cette étude ont montré, de façon assez inattendue, que les modes supérieurs ne sont pas significatifs (modes 2 et 3) et qu'un seul mode de vibration est suffisant. Signalons que les mêmes auteurs ont montré, dans un article antérieur (Chopra *et al.* 2004a), que l'estimation des déplacements relatifs entre étages et des rotations de rotules plastique n'est pas satisfaisante si l'on considère seulement le premier mode de vibration.

Fajfar *et al.* (2010) ont indiqué que l'estimation des effets des modes supérieurs est basée sur l'hypothèse que la structure reste dans le domaine élastique quand elle vibre suivant les modes supérieurs. Les contributions des modes supérieurs sont déterminées par des analyses modales élastiques. Les résultats peuvent être obtenus en enveloppant les résultats de l'analyse de pushover et les résultats de l'analyse modale élastique. La méthode utilisée est compatible avec la méthode N2 étendue proposée par (Fajfar, 2009). Une analyse de cette méthode est réalisée sur trois portiques différents en acier de neuf étages. Les premiers trois modes de vibration sont considérés et la méthode SRSS (Eq. 1.29) est utilisée pour combiner les réponses modales. L'étude a prouvé que les modes supérieurs ont une influence considérable sur les déplacements relatifs entre étages dans la partie supérieure de la structure.

1.6 Conclusion

Nous avons présenté dans ce chapitre les différents types de chargement pour les procédures quasi-statiques, en distinguant les chargements adaptatifs et non adaptatifs. Les méthodes pour caractériser un système à un degré de liberté équivalent à une structure complète et les méthodes de combinaison des modes pour des systèmes linéaires et non linéaires ont été présentées. Dans le chapitre suivant, nous allons aborder la méthode d'analyse dynamique pour des systèmes linéaires et non linéaires. Ensuite, la méthode dite UMRHA (Chopra, 2001) est retenue parmi les procédures présentées dans ce premier chapitre. Enfin, nous allons essayer d'améliorer la méthode précédente en proposant plusieurs modifications. Les résultats de référence (déplacements aux étages et déplacements différentiels) seront fournis par l'analyse dynamique non linéaire sur le modèle éléments finis complet du bâtiment considéré.

2 Méthodes d'analyse numérique

2.1 Introduction

L'analyse du comportement de structures sous chargement sismique peut s'effectuer par diverses analyses numériques. Dans ce chapitre, les méthodes rigoureuses d'analyse dynamique des structures linéaires et non linéaires sous chargement sismique sont présentées. Ensuite, la méthode simplifiée proposée par Chopra *et al.* (2001), basée sur un calcul quasi-statique (pushover) avec une répartition invariante des forces latérales, est détaillée : la méthode, qui suppose le découplage des réponses modales comme en dynamique linéaire, est appelée par les auteurs méthode UM-RHA ("Uncoupled Method Response History Analysis"). Enfin, nous présentons les modifications principales de la méthode UMRHA proposées dans ce travail afin d'améliorer la qualité de la prédiction de la réponse d'une structure dans le domaine non linéaire.

2.2 Analyse dynamique linéaire (MRHA)

Par la méthode aux éléments finis, l'équation discrétisée dans le domaine spatial et continue dans le domaine des temps s'exprime de la façon suivante :

$$m.\ddot{u} + c.\dot{u} + k.u = P(t) \tag{2.1}$$

où la réponse de la structure est décrite par le vecteur des déplacements nodaux u, m est la matrice de masse, c est la matrice d'amortissement visqueux, k est la matrice de rigidité et $P(t)$ est la force extérieure. Quand la structure est soumise à un tremblement de terre, la charge sismique figurant au second membre de l'équation complète en base physique (Eq. 2.1) est appelée charge effective et est définie par :

$$P_{eff}(t) = -m.i.\ddot{u}_g(t) \tag{2.2}$$

52

où i est le vecteur qui donne la direction de l'excitation sismique et $\ddot{u}_g(t)$ est le séisme appliqué sur la structure. La distribution spatiale de cette charge effective $P_{eff}(t)$ sur la hauteur de la structure est définie par le vecteur $s = m.i$ et sa description temporelle par $\ddot{u}_g(t)$.

La méthode d'analyse modale classique constitue une méthode puissante pour calculer la réponse dynamique des structures pour un système linéaire plutôt que résoudre directement l'équation différentielle (Eq. 2.1). En effet, la méthode modale temporelle permet de calculer la réponse d'une structure à multi degrés de liberté comme une superposition dans le temps des réponses modales. Chaque réponse modale est déterminée par une analyse dynamique d'un simple système à un degré de liberté grâce au découplage des réponses modales en dynamique linéaire. La réponse totale est obtenue par la combinaison de ces réponses modales.

Le calcul des caractéristiques dynamiques des modes propres d'une structure requiert la résolution de l'équation suivante :

$$k.\phi_n = \omega_n^2.m.\phi_n \qquad (2.3)$$

où ϕ_n est le mode propre de vibration d'ordre n et ω_n est la pulsation propre. Pour un système linéaire, les modes de vibrations sont indépendants, sous la condition que la matrice d'amortissement n'induise pas de couplage entre les modes, ce qui est classiquement le cas si l'on prend une matrice d'amortissement de type Rayleigh. On peut alors écrire le déplacement décomposé sur une base modale de la structure linéaire :

$$u(t) = \sum_{n=1}^{N} \phi_n.q_n(t) \qquad (2.4)$$

où q_n est la coordonnée modale.

Si on introduit la description modale (Eq. 2.4) dans l'équation globale du mouvement (Eq. 2.1), on obtient l'expression suivante après multiplication à droite par la transposée du mode propre d'ordre n ϕ_n^T :

$$\ddot{q}_n + 2\xi_n.\omega_n.\dot{q}_n + \omega_n^2.q_n = -\Gamma_n.\ddot{u}_g(t) \tag{2.5}$$

où ξ_n est le taux d'amortissement visqueux, ω_n est la pulsation propre et Γ_n est le facteur de participation modale avec :

$$\Gamma_n = \frac{L_n}{M_n}; \qquad L_n = \phi_n^T.m.i \qquad M_n = \phi_n^T.m.\phi_n \tag{2.6}$$

où L_n est le déplacement modal généralisé et M_n est la masse modale gé-néralisée.

En divisant l'équation (2.5) par Γn et en effectuant le changement de variable $q_n(t) = \Gamma_n.D_n(t)$, on obtient finalement l'équation du mouvement d'un système à un degré de liberté :

$$\ddot{D}_n + 2\xi_n.\omega_n.\dot{D}_n + \omega_n^2.D_n = -\ddot{u}_g(t) \tag{2.7}$$

Les caractéristiques dynamiques du système, c'est-à-dire la pulsation propre ω_n et le taux d'amortissement visqueux ξ_n, apparaissent au sein de l'équation précédente. Elles permettent de déterminer complètement la réponse du système à un degré de liberté sous faibles vibrations telle que la structure reste dans le domaine linéaire. Le déplacement modal de la structure complète $u_n(t)$ dépend de la réponse du système à un degré de liberté par l'expression suivante :

$$u_n(t) = \Gamma_n.\phi_n.D_n(t) \tag{2.8}$$

Enfin, la combinaison des déplacements de l'ensemble des modes donne la réponse totale de la structure par :

$$u(t) = \sum_{n=1}^{N} \Gamma_n.\phi_n.D_n(t) \tag{2.9}$$

2.3 Analyse dynamique non linéaire (NLRHA)

Pour un système non linéaire, les relations entre les forces latérales f_s au niveau de planchers et les déplacements latéraux u ne sont plus linéaires. En conséquence, les forces latérales dépendent de l'histoire des déplacements au cours du temps de chargement :

$$f_s = f_s(u, signu)$$ (2.10)

La réponse exacte d'une analyse non linéaire dynamique pour une structure soumise au mouvement du séisme est obtenue par la résolution directe en temps suivant un schéma temporel adapté de l'équation différentielle suivante, discrétisée en espace et continue en temps :

$$m.\ddot{u} + c.\dot{u} + f_s(u, signu) = -m.i.\ddot{u}_g(t)$$ (2.11)

où m est la matrice de masse, c est la matrice d'amortissement visqueux, f_s est la force latérale, u est le déplacement latéral, i est le vecteur qui donne la direction de l'excitation sismique et $\ddot{u}_g(t)$ est le séisme appliqué. Les schémas temporels de discrétisation permettent d'obtenir les réponses en termes de déplacements, vitesses et accélérations sur chaque pas de temps à partir de la connaissance des quantités en début de pas de temps et de l'équation du mouvement précédente discrétisée en temps. Le schéma de l'accélération moyenne est communément utilisé pour les structures sous chargements sismiques car il est inconditionnellement stable et permet de prendre des pas de temps plus importants que les schémas dits explicites et conditionnellement stables.

La méthode d'analyse dynamique non linéaire est considérée comme la méthode la plus fiable et rigoureuse. Par contre, les temps de calcul relatifs à une structure complexe modélisée par la méthode aux éléments finis sous l'action sismique peuvent devenir importants puisque l'intégration temporelle consiste à intégrer l'équation de mouvement en chaque pas de temps durant la sollicitation.

Théoriquement la méthode MRHA n'est pas applicable aux systèmes non linéaires car les modes de vibration sont couplés. Néanmoins, en adoptant les simplifications proposées par Chopra *et al.* (2001), la méthode MRHA peut être étendue au cas de la structure non linéaire. On peut décomposer le déplacement d'une structure sur une base modale bien que la structure soit non linéaire par l'équation (2.4), pour obtenir la réponse d'un système non linéaire à un degré de liberté régie par :

$$\ddot{q}_n + 2\xi_n.\omega_n.\dot{q}_n + \frac{F_{sn}}{M_n} = -\Gamma_n.\ddot{u}_g(t) \tag{2.12}$$

où

$$F_{sn} = F_{sn}(q, sign\dot{q}) = \phi_n^T.f_s(u, sign\dot{u}) \tag{2.13}$$

Notons que jusqu'ici, aucune hypothèse sur le découplage des réponses modales n'a été adoptée. Le système précédent reste clairement couplé : la réponse du mode *n* ne peut pas être traitée indépendamment, comme cela est le cas pour un système linéaire. L'intégration en temps de l'équation précédente (2.12) exprimée dans une base modale n'offre pas d'avantage majeur par rapport à l'équation différentielle classique sur la base physique puisque les équations différentielles (2.12) doivent être résolues simultanément du fait des couplages. La méthode proposée par Chopra *et al.* (2001) et présentée dans la suite, suppose un découplage de ces équations suivant des hypothèses qu'il conviendra de vérifier à posteriori.

2.4 Analyse modale non linéaire découplée (UMRHA)

Plusieurs méthodes simplifiées basées sur une analyse quasi statique sous chargement croissant sont proposées dans la littérature. Parmi les diverses méthodes montrées précédemment dans les sections (1.2, 1.3, 1.4, 1.5), les étapes de la méthode proposée par Chopra *et al.* (2001) dit UM-RHA ("Uncoupled Modal Response History Analysis") sont détaillées dans la suite.

Pour un système non linéaire, Chopra *et al.* (2001) exhibent la faible influence des modes r différents du mode n sur la force F_{sn} (Eq. 2.13) et propose l'expression suivante dans laquelle les forces internes en mode n ne dépendent que de l'histoire des déplacements du mode n :

$$F_{sn} = F_{sn}(q_n, sign\dot{q}_n) = \phi_n^T.f_s(u_n, sign\dot{u}_n) \qquad (2.14)$$

La prise en compte de cette hypothèse permet le découplage des équations selon les modes. L'équation de mouvement qui gouverne la réponse $D_n(t)$ d'un système à un degré de liberté et la relation entre les forces latérales et les modes de vibration est trouvée en substituant l'équation $q_n(t) = \Gamma_n.D_n(t)$ dans l'équation (2.12) :

$$\ddot{D}_n + 2\xi_n.\omega_n.\dot{D}_n + \frac{F_{sn}}{L_n} = -\ddot{u}_g(t) \qquad (2.15)$$

où ξ_n est le taux d'amortissement visqueux, ω_n est la pulsation propre, L_n est le déplacement modal généralisé et Γ_n est le facteur de participation modale. La réponse du système non linéaire à un degré de liberté soumis à des excitations sismiques est régie par l'équation précédente, le système étant caractérisé par les lois hystérétiques reliant les forces internes F_{sn} à l'histoire des déplacements D_n. Nous nous appuyons donc sur une description modale classique dans laquelle les réponses en déplacements sont obtenues par la résolution de systèmes à un degré de liberté non linéaires soumis à l'excitation sismique. Il reste à établir pour ces systèmes à un degré de liberté les lois hystérétiques qui relient la force interne à l'histoire des déplacements.

La courbe de pushover issue d'une analyse quasi-statique effectuée sur la structure permet de construire la loi globale du système non linéaire à un degré de liberté.

La charge sismique effective peut être décomposée sur la base modale par :

$$P_{eff}(t) = -m.i.\ddot{u}_g(t) = \sum_{n=1}^{N} -\Gamma_n.m.\phi_n.\ddot{u}_g(t) \qquad (2.16)$$

ou encore

$$P_{eff}(t) = \sum_{n=1}^{N} P_{eff,n}(t) \quad avec \quad P_{eff,n}(t) = -\Gamma_n.m.\phi_n.\ddot{u}_g(t) \qquad (2.17)$$

La répartition géométrique des efforts relatifs au mode de vibration n sur la structure complète est donc donnée par le produit de la matrice de masse m multipliée par le mode de vibration ϕ_n. Le facteur Γ_n est scalaire et n'intervient donc pas dans la répartition des efforts sur la structure. La répartition d'efforts $m.\phi_n$ est adoptée pour effectuer un calcul quasi-statique sur la structure afin de déterminer la courbe de chargement monotone relatif au mode considéré : cette courbe est appelée dans la littérature courbe de pushover modal (Chopra *et al.* 2001). Cette courbe, reliant l'effort à la base de la structure V_{bn} au déplacement en tête de la structure $u_{n,r}$ nous donne accès à la courbe enveloppe de la loi de comportement F_{sn}/L_n du système à un degré de liberté apparaissant dans l'équation (2.15) suivant la méthodologie décrite ci-dessous.

La courbe de pushover est idéalisée par une courbe bilinéaire et transformée pour obtenir la courbe enveloppe des lois globales du système à un degré de liberté (relation force interne – histoire des déplacements) :

$$F_{sn} = \frac{V_{bn}}{\Gamma_n}, \qquad D_n = \frac{u_{n,r}}{\Gamma_n.\phi_{n,r}} \qquad (2.18)$$

où $\phi_{n,r}$ est la composante en tête du bâtiment du mode de vibration d'ordre n. Les valeurs de plastification de cette courbe sont :

$$\frac{F_{sny}}{L_n} = \frac{V_{bny}}{M_n^*}, \qquad D_{ny} = \frac{u_{n,ry}}{\Gamma_n.\phi_{n,r}} \qquad (2.19)$$

avec M_n^* désignant la masse modale effective donnée par : $M_n^* = L_n.\Gamma_n$.

La méthode d'idéalisation de la courbe de pushover en une courbe enveloppe du système non linéaire à un degré de liberté est schématisée sur la Figure 2.1.

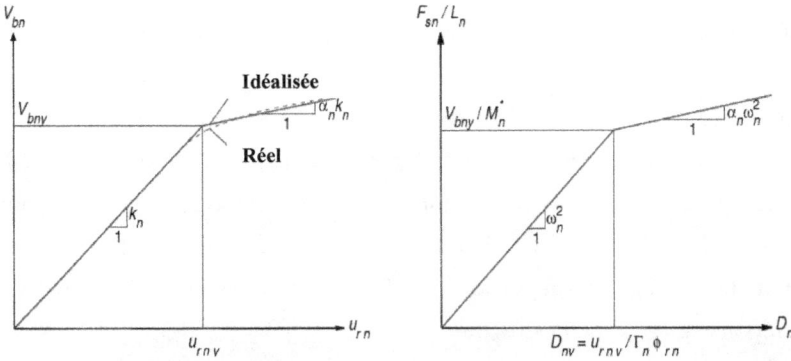

FIGURE 2.1: Construction de l'enveloppe du modèle non linéaire à un degré de liberté à partir d'une courbe de pushover

Les lois hystérétiques nécessaires pour la résolution du système à un degré de liberté non linéaire sous accélération sont finalement supposées a priori. Chopra *et al.* (2001) proposent un modèle global hystérétique de type élasto-plastique sans dégradation de rigidité à la décharge. Notons que l'idéalisation de la courbe de pushover modal peut entrainer une modification de la raideur initiale et donc de la pulsation propre du système à un degré de liberté non linéaire pour le mode n :

$$\omega_n^2 = \frac{F_{sny}}{L_n.D_{ny}} \qquad (2.20)$$

59

Les valeurs ω_n obtenues sur la courbe de $(F_{sn}/L_n, D_n)$ doivent être utilisées dans l'équation (2.15) et peuvent donc différer légèrement de celles obtenues par l'analyse modale.

La réponse totale de la structure est évaluée en combinant toutes les réponses modales selon l'équation (2.9).

2.5   Analyse modale non linéaire découplée modifiée (M-UMRHA)

Afin d'améliorer la prédiction de la réponse d'une structure sous sollicitations sismiques par la méthode d'analyse quasi-statique précédemment explicitée, des modifications à la méthode d'analyse modale non linéaire découplée sont proposées dans cette section. Les principales modifications sont le type de chargement non adaptatif sur la structure adopté pour le calcul de la courbe pushover, la mise en place de nouveaux systèmes non linéaires à un degré de liberté issus de la courbe de pushover, l'expression de la combinaison des réponses modales et l'effet des modes évolutifs sur la réponse globale de la structure.

2.5.1   Modèle de chargement

La section précédente 2.4 décrit la répartition d'efforts pour l'analyse statique non linéaire de la structure sur la hauteur du bâtiment comme le résultat de la matrice de masse multipliée par le mode de vibration considéré $m.\phi_n$. Lorsque la matrice de masse est consistante, avec une masse volumique précisée pour les matériaux constitutifs au niveau de chaque élément fini, et non pas concentrée sur les étages comme cela est classiquement le cas, les forces obtenues sont présentes pour chaque nœud du maillage éléments finis. Cette répartition diffère donc de la répartition classique qui concentre les efforts aux niveaux des planchers du fait de l'hypothèse des masses concentrées aux niveaux des planchers des étages.

Cette démarche nous paraît cohérente avec la méthode classique en forces concentrées et nous semble plus précise que cette dernière puisqu'elle prend en compte une répartition de masse et d'efforts plus réaliste. La répartition géométrique d'efforts $m.\phi_n$ est ensuite amplifiée par un facteur scalaire jusqu'à l'atteinte de la capacité de la structure pour obtenir la courbe de pushover modal qui représente le comportement non linéaire du système à un degré de liberté.

2.5.2 Différents systèmes non linéaire à un degré de liberté

Plusieurs lois de type global pour le système à un degré de liberté non linéaire sont successivement prospectées. Ces lois capturent les réponses en déplacement d'un système à un degré de liberté non linéaire soumis à l'excitation sismique en résolvant l'équation (2.15). L'idéalisation de la courbe de chargement monotone en considérant la répartition d'efforts $m.\phi_n$, détermine la courbe enveloppe du modèle global. Ces courbes enveloppes peuvent être différentes selon la méthode d'idéalisation employée. Par ailleurs, une fois obtenue la courbe enveloppe à partir de la courbe de pushover, il est possible d'adopter une diversité de lois globales cycliques (hystérétiques). Dans la suite, quatre modèles globaux hystérétiques obtenus par idéalisation de la courbe de pushover sont présentés. Par ailleurs, la pertinence d'un autre type de modèle global sera évaluée : il consiste à adopter un modèle à un degré de liberté piloté par la chute de fréquence en fonction d'un indicateur de dommage. En conclusion, cinq systèmes non linéaires à un degré de liberté sont mis en place : le modèle élastoplastique proposé par Chopra *et al.* (2001), deux autres modèles élastoplastiques avec des courbes enveloppes différentes, le modèle hystérétique modifié de Takeda et enfin le modèle simplifié basé sur la dégradation de fréquence en fonction d'un indicateur de dommage.

2.5.2.1 Modèles hystérétiques

2.5.2.1.1 Modèle élasto-plastique : critère d'équivalence d'aire L'idéalisation de la courbe de chargement monotone modal selon le critère d'équivalence d'aire est prescrite dans les règles du FEMA-273 (1997) et a été adoptée par Chopra *et al.* (2001). Il s'agit d'une méthode itérative consistant à obtenir une courbe enveloppe bilinéaire dont l'aire en dessous de la courbe converge vers l'aire en dessous de la courbe de chargement monotone modal que l'on souhaite idéaliser. Sur la Figure 2.2, l'erreur entre les aires en dessous de la courbe de chargement monotone modal (courbe notée MPO) et la courbe bilinéaire idéalisée ne dépasse pas 0.01%. Les lois hystérétiques sont basées sur un simple modèle élasto-plastique avec écrouissage isotrope : le déchargement s'effectue suivant la rigidité initiale. Autrement dit, la dégradation de la rigidité n'est pas prise en compte.

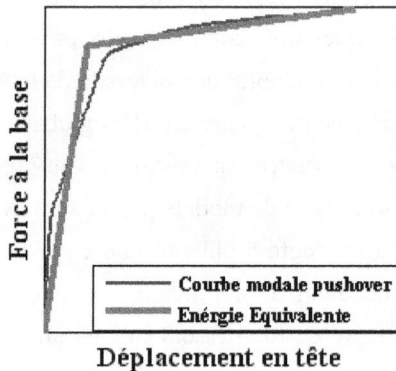

FIGURE 2.2: Courbe enveloppe du modèle élasto-plastique avec idéalisation par le critère d'équivalence d'aire

2.5.2.1.2 Modèle élasto-plastique : point de plastification des aciers La courbe de chargement quasi-statique est idéalisée par une courbe bilinéaire, constituée d'une partie linéaire jusqu'au point de plastification de l'acier repéré dans les parties porteuses de la structure, suivie d'une partie linéaire du point de plastification jusqu'au point ultime de la courbe. L'idéalisation avec cette approche est illustrée sur la Figure 2.3. De nouveau, les lois hystérétiques sont basées sur un simple modèle élasto-plastique avec écrouissage isotrope : le déchargement d'effectue suivant la rigidité initiale.

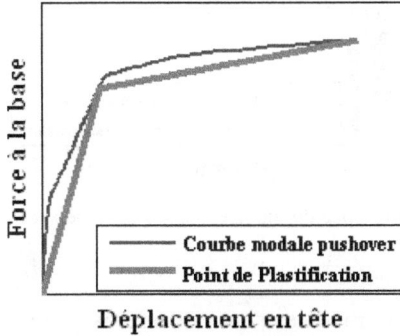

FIGURE 2.3: Courbe enveloppe du modèle élasto-plastique avec idéalisation à partir du point de plastification des aciers

2.5.2.1.3 Modèle élasto-plastique : point de fissuration   On idéalise la première partie de la courbe jusqu'au premier point de fissuration repéré dans les parties porteuses de la structure. Après cette première phase linéaire, on suit rigoureusement la courbe de chargement monotone modal sans idéalisation. La Figure 2.4 montre la courbe enveloppe de ce modèle. La loi adoptée est une loi élasto-plastique avec écrouissage isotrope. Notons que la réponse d'un tel modèle non linéaire à un degré de liberté a nécessité la mise en place d'un modèle éléments finis reproduisant le comportement d'une barre encastrée à sa base et soumise à une accélération dans la direction de la barre. Les caractéristiques de cette barre en vibration de traction-compression, c'est-à-dire le module de Young E du matériau et la masse en tête, sont calées pour obtenir la pulsation propre ω_n du système à un degré de liberté non linéaire régie par l'équation (2.15). La partie plastique de la courbe est directement reproduite par la définition

de la loi locale élasto-plastique avec écrouissage isotrope pour le matériau constituant la barre.

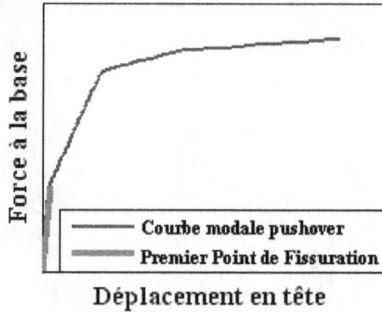

FIGURE 2.4: Courbe enveloppe du modèle élasto-plastique avec idéalisation uniquement de la partie linéaire

Les trois premiers modèles sont considérés comme une loi globale de type élasto-plastique qui exhibe un comportement très raide en cas de déchargement et rechargement. Ces modèles ne prennent pas en compte la dégradation de la rigidité du système à un degré de liberté sous l'excitation sismique. Cet inconvénient important mène à la surestimation de la dissipation d'énergie et des déformations permanentes.

2.5.2.1.4 Modèle hystérétique modifié de Takeda La réponse sismique du système non linéaire à un degré de liberté peut être prédite par un modèle hystérétique, tel que le modèle global de Takeda. Le modèle global utilisé dans ce travail a été implémenté dans MATLAB par Lestuzzi *et al.* (2007). Ce modèle prend en compte la dégradation de la rigidité schématisée sur la Figure 2.5, qui est une caractéristique importante des structures en béton armé soumises à des chargements sismiques, du fait de l'apparition de dommages aux niveaux des matériaux constitutifs.

Le modèle modifié de Takeda offre une estimation plus précise du comportement dégradé d'éléments de structure car il reproduit de façon plus réaliste les courbes de chargement et déchargement. Cinq paramètres sont nécessaires pour préciser les relations force-déplacement dans le modèle modifié de Takeda : la rigidité initiale, le déplacement de plastification, la rigidité de plastification, un paramètre (α) relatif à la dégradation de la rigidité et un paramètre (β) qui précise le point cible de la courbe de rechargement (Schwab, 2007). Les trois premiers paramètres peuvent être définis en déterminant la limite d'élasticité sur la courbe de pushover. Les valeurs des paramètres α et β sont proposées à 0,2 et 0,0 respectivement dans toutes les analyses.

modified Takeda-model

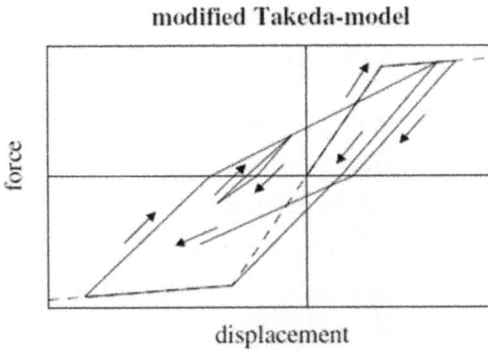

FIGURE 2.5: Courbe de modèle hystérétique modifié de Takeda (Schwab, 2007).

2.5.2.2 Modèle à fréquence dégradée   L'histoire de déplacement du système à un degré de liberté peut être obtenue en utilisant le modèle noté $f(X)$ proposé par Brun et al. (Brun 2002, Brun et al. (2003, 2011)) sans passer par l'idéalisation de la courbe de pushover. Il s'agit donc d'un modèle à un degré de liberté défini uniquement par sa chute de fréquence f au cours du temps en fonction d'un indicateur de dommage X, qui correspond au classique déplacement différentiel entre étages utilisé dans la pratique d'ingénierie parasismique pour quantifier le dommage structurel d'un bâtiment. L'indicateur de dommage global utilisé dans ce modèle est exprimé en termes d'une grandeur physique et n'est donc pas normalisé comme un indicateur de dommage au sens strict qui prend la valeur 0 lorsque la structure est indemne et la valeur de 1 lorsque la structure est ruinée. Le modèle $f(X)$ a été appliqué et validé sur des murs de cisaillement à faible élancement en se basant sur la relation entre la fréquence structurelle et l'indicateur de dommage X. La fonction qui décrit la relation $f(X)$ a été définie soit par des analyses dynamiques non linéaires en utilisant une large base d'excitations sinusoïdales qui sont appliquées sur des murs de cisaillement modélisés par des éléments finis (Brun, 2003), soit par des analyses quasi-statiques de type pushover (Brun *et al.* 2011). Les étapes relatives à la reproduction du comportement d'un système à un degré de liberté non linéaire sous chargement sismique en utilisant le modèle $f(X)$ sont présentées dans la suite.

Pareillement que les modèles précédents, le modèle global à fréquence dégradée dépend de la courbe de pushover. La rigidité sécante $K(X)$ d'un système à un degré de liberté est obtenue directement à partir de la courbe de pushover $V_b(u_{roof})$ en adoptant le déplacement en tête (abscisse de la courbe de pushover) comme indicateur de dommage $X = (u_{roof})$:

$$K(X) = \frac{V_b(X)}{X} \qquad (2.21)$$

La chute de fréquence associée au système à un degré de liberté est alors obtenue par l'équation suivante :

$$f(X) = \frac{1}{2\pi}\sqrt{\frac{K(X)}{M}} \qquad (2.22)$$

où M désigne la masse relative au mode n. Cette chute de fréquence est illustrée sur la Figure 2.6. Notons que, à partir de la rigidité initiale, il est nécessaire de caler la valeur de la masse M pour retrouver la fréquence modale initiale de la structure.

L'histoire du déplacement non linéaire en temps $D_n^{NL}(t)$ du système à un degré de liberté sous excitation peut être calculée en résolvant l'équation suivante :

$$\ddot{D}_n^{NL}(t) + 2\xi_n.\omega_n[X(t)].\dot{D}_n^{NL}(t) + \omega_n^2[X(t)].D_n^{NL}(t) = -\ddot{u}_g(t) \qquad (2.23)$$

où ξ_n est le taux d'amortissement, $\ddot{u}_g(t)$ le mouvement sismique et $\omega_n[X(t)]$ est la pulsation propre qui se dégrade au cours du temps selon la valeur du maximum de déplacement en tête au cours de l'histoire $X(t_n)$ donné par :

$$X(t_n) = max\left\{ |D_n^{NL}(t')| \right\} \qquad 0 \leq t' \leq t_n \qquad (2.24)$$

L'évolution temporelle de la pulsation structurelle fonction de l'indicateur global de dommage X, lui-même évolutif au cours du temps, reproduit de manière simplifiée le comportement non linéaire du système à un degré de liberté. En cas de déchargement et rechargement, le modèle simplifiée $f(X)$ est orienté ver l'origine : il suit la ligne droite du point de déchargement à l'origine selon la rigidité sécante considérée. Ainsi, lorsque l'indicateur de dommage X reste à une valeur donnée, le modèle simplifié $f(X)$ reste linéaire, suivant la pente de la rigidité sécante.

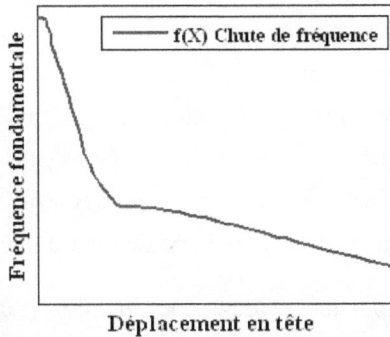

FIGURE 2.6: Chute de fréquence du premier mode en fonction du déplacement en tête du bâtiment

2.5.3 Combinaison des réponses modales

De même que la méthode UMRHA proposée par Chopra *et al.* (2001) et décrite précédemment, nous supposons que les réponses modales peuvent être combinées en temps pour obtenir la réponse totale de la structure non linéaire, de la même façon que pour une structure linéaire.

Dans l'analyse modale non linéaire découplée modifiée (M-UMRHA), les effets des modes supérieurs pour une structure non linéaire sont pris en compte en sommant l'histoire des réponses modales par :

$$u(t) = \sum_{n=1}^{N} \Gamma_n.\phi_n.D_n(t) \quad puis \quad u_{max} = max(u(t)) \qquad (2.25)$$

La réponse obtenue par l'équation (2.25) prend en compte un ensemble de modes de vibration, qui participe au niveau de 90% de la masse totale.

Selon Fajfar *et al.* (2010), la structure reste dans le domaine élastique lorsqu'elle vibre suivant les modes supérieurs. Cette hypothèse est utilisée dans l'analyse modale non linéaire découplée modifiée. Selon cette hypothèse, la combinaison des modes comprend des modes dominants non linéaires et des modes supérieurs linéaires. Les modes dominants sont considérés comme "non linéaires" dans le sens où leur réponse temporelle est déduite d'un système à un degré de liberté non linéaire en résolvant l'équation (2.15). Tandis que les déplacements en temps des autres modes considérés comme "linéaires" sont régis par l'équation différentielle classique (2.7) caractérisant un système à un degré de liberté linéaire.

La combinaison des modes dans une direction (Eq. 2.25) peut se réécrire alors en distinguant les modes dominants "non linéaires" et les modes non dominants "linéaires" comme indiqué ci-dessous :

$$u(t) = \sum_{n=1}^{N1} \Gamma_n.\phi_n.D_n^{NL}(t) + \sum_{n=N1+1}^{N} \Gamma_n.\phi_n.D_n^{L}(t) \qquad (2.26)$$

où Γ_n est le facteur de participation modale, ϕ_n est le mode propre de vibration d'ordre n, et $D_n^L(t)$, $D_n^{NL}(t)$ est l'histoire de déplacement du système à un degré de liberté linéaire et non linéaire respectivement, associé au mode de vibration n. L'ensemble des modes considérés représentent plus de 90% de la réponse totale de la structure.

2.5.4 Combinaison modale avec modes évolutifs

Les changements de répartition d'efforts appliqués quasi-statiquement à la structure proviennent des dégradations de rigidité subies par la structure lors du chargement. Les méthodes ont été présentées dans la section (1.3) visent à prendre en compte ces modifications de la répartition d'efforts sismiques sous le vocable de pushover adaptatif. Dans la méthode proposée dans ce travail, nous cherchons à reproduire cet aspect adaptatif des chargements sismiques au travers de la modification des déformées obtenues lors du chargement quasi-statique.

Autrement dit, la déformée modale dégradée en fonction de l'indicateur de dommage $\phi_n'(X)$ est utilisée à la place de la déformée modale élastique ϕ_n issue de l'analyse vibratoire. Il en ressort que la réponse totale de la structure s'écrit sous la forme suivante :

$$u(t) = \sum_{n=1}^{N1} \Gamma_n . \phi_n'[X(t)].D_n^{NL}(t) + \sum_{n=N1+1}^{N} \Gamma_n . \phi_n . D_n^L(t) \qquad (2.27)$$

où $\phi_n'[X(t)]$ est la déformée modale qui se dégrade au cours du temps en fonction de la valeur du maximum de déplacement en tête au cours de l'histoire $X(t)$ qui est donnée par l'équation (2.24). De même que pour la déformée modale $\phi_n[X(t)]$, la déformée modale dégradée $\phi_n'[X(t)]$ est normalisée de sorte que le degré de liberté maximum soit égal à 1. L'identification de la famille de déformées modales dégradées s'effectue à l'aide d'un calcul de pushover modal. En effet, pour le chargement modal croissant défini par $\alpha m\phi_n$, le paramètre α étant un paramètre croissant de 0 jusqu'à une valeur de ruine, la déformée normalisée pour un paramètre de charge α très petit correspond exactement à la déformée modale car on a $k\left(\alpha\frac{\phi_n}{\omega_n^2}\right) = \alpha m\phi_n$, par définition du mode de vibration n. La structure est alors dans le domaine linéaire tant que le paramètre de chargement α reste en dessous d'un certain seuil. Par conséquent, les premiers pas du chargement modal fournissent une déformée normalisée correspondant exactement à la déformée modale.

Pour les valeurs du paramètre de chargement α excédant le seuil élastique de la structure, la déformée normalisée devient différente de la déformée modale. Nous faisons l'hypothèse que ces nouvelles déformées représentent mieux la structure endommagée et que l'estimation de la demande par la formule (2.27) est plus pertinente que par la formule (2.26). Par exemple, si le pushover modal révèle que la structure a un point de faiblesse tel qu'un étage souple, ce caractère apparaitra dans la forme de la déformée normalisée, alors qu'il aurait été ignoré par la formule originelle (2.26).

Par ailleurs, la dégradation de la déformée modale peut être prise en compte au travers de l'évolution temporelle du facteur de participation modale Γ_n selon les expressions suivantes :

$$
\begin{aligned}
\Gamma_n(\phi_n') &= \frac{L_n(\phi_n')}{M_n(\phi_n')} \\
L_n(\phi_n') &= \phi_n'^{T}.m.i \\
M_n(\phi_n') &= \phi_n'^{T}.m.\phi_n'
\end{aligned}
\tag{2.28}
$$

La réponse totale de la structure non linéaire prend alors la forme suivante :

$$u(t) = \sum_{n=1}^{N1} \Gamma_n^{'}[X(t)].\phi_n^{'}[X(t)].D_n^{NL}(t) + \sum_{n=N1+1}^{N} \Gamma_n.\phi_n.D_n^{L}(t) \qquad (2.29)$$

Notons que la dégradation de mode au cours de l'excitation dynamique est prise en compte dans cette formulation, ce qui lui confère un caractère adaptatif. Toutefois, contrairement aux méthodes adaptatives proposées par Antoniou *et al.* (2004a, 2004b), il est important de noter que le calcul quasi-statique qui vise à définir les courbes de pushover modal n'est ici pas adaptatif puisque le chargement reste invariant : ce sont les déformées modales qui sont supposées changer lorsque des dommages apparaissent au sein de la structure, et ces changements de déformées modales sont identifiées par un calcul de pushover modal en considérant une répartition géométrique de forces constante.

2.6 Conclusion

Après avoir rappelé les méthodes rigoureuses d'analyse dynamique linéaire et non linéaire dans le cadre de la méthode aux éléments finis, les modifications apportées à la méthode simplifiée UMRHA proposée par Chopra *et al.* (2001) ont été présentées. Pour l'analyse quasi-statique non linéaire de la structure, la répartition d'efforts est définie par le produit de la matrice de masse du modèle avec un mode de vibration considéré : la répartition d'efforts est définie par le produit $m\phi_n$; l'utilisation d'une matrice de masse consistante entraine la définition de forces pour chaque nœud du maillage éléments finis. Afin de prédire la réponse temporelle de chaque mode intervenant dans la définition de la réponse totale par la méthode simplifiée proposée dans ce travail, des systèmes globaux non linéaires à un degré de liberté doivent être introduits.

Cinq systèmes non linéaires à un degré de liberté sont mis en place : quatre modèles hystérétiques et un modèle simplifié à fréquence dégradée

$f(X)$. Le déplacement total prend la forme d'une combinaison de réponses modales "non linéaires" pour les modes dominants et de modes "linéaires" pour les autres modes. La combinaison modale s'appuie sur la même forme que celle utilisée classiquement en dynamique des structures linéaires. Enfin, au sein de cette combinaison modale, les déformées modales associées aux modes dominants sont modifiées au cours du temps en se basant sur l'évolution de la déformée normalisée obtenue au cours d'un chargement de type pushover modal.

Le modèle original à fréquence dégradée $f(X)$, qui reproduit le comportement non linéaire d'un système à un degré de liberté, dépend d'un indicateur de dommage global X qui est mis à jour au cours du temps. L'indicateur de dommage introduit dans plusieurs études parasismiques a pour rôle d'évaluer les dommages infligés aux structures au cours d'événements sismiques. Dans le chapitre suivant, nous présentons les types d'indicateur de dommage proposés dans la littérature.

3 Evaluation du dommage

3.1 Introduction

Deux facteurs sont principalement à l'origine de dommages importants observés sur les structures : la violence des tremblements de terre qui excède un niveau d'agression pour lequel les structures ont été dimensionnées, ainsi que la vulnérabilité particulière du bâti existant non dimensionné vis-à-vis des codes parasismiques modernes. Parmi cette population de bâtiments particulièrement exposés aux aléas sismiques, se trouvent les bâtiments construits avant 1980, date effective d'application en Guadeloupe des premières règles parasismique françaises (PS 69).

Afin de prédire les zones de dommage d'une structure pour la renforcer, il paraît important d'évaluer un indicateur de dommage pour déterminer le degré d'endommagement. L'évaluation du niveau de dommage ainsi que la localisation du dommage pour une structure sont les éléments nécessaires pour décider s'il convient de réhabiliter la structure. Ainsi, différents types d'indicateurs de dommage locaux et globaux seront montrés dans ce chapitre. Seront ensuite considérées différentes normes qui fournissent un niveau de dommage qui dépend du type de structure et des valeurs atteintes par les indicateurs de dommage de type global tel que le déplacement maximum relatif entre étages.

3.2 Définition générale d'un indicateur de dommage

Les dommages des éléments en béton armé sont généralement liés, pour un premier niveau de dommage, à la fissuration du béton, puis pour un second niveau de dommage, à l'écrasement du béton. La ruine d'un élément en béton armé se caractérise en premier lieu par l'éclatement du béton d'enrobage, et plus tard, par celui du noyau confiné. A la suite de l'éclatement du béton d'enrobage, d'autres modes de défaillance peuvent précéder l'écrasement du noyau confiné, par exemple le flambage de barres longi-

73

tudinales ou la perte d'ancrage. Cinq niveaux de dommage structurel des éléments isolés des bâtiments ont été proposés dans l'Eurocode 8 (1996). Le dommage des éléments structurels est représenté par la réduction des caractéristiques. Les niveaux de dommage commencent par des fissures isolées qui sont dues à des défauts locaux et finissent par la ruine partielle de un ou plusieurs éléments verticaux. Il est recommandé que la plastification des armatures se produise avant la ruine en compression du béton afin d'éviter les modes de ruine fragile.

Dans la littérature, la notion de la variable de dommage est introduite comme une grandeur physique caractérisant le dommage. Ces variables de dommage se réfèrent principalement à des déformations en compression, en traction ou des courbures.

D'autres variables de dommage peuvent également être utilisées comme les forces de résistance, les forces de cisaillement, l'énergie dissipée sous un chargement cyclique, la rotation aux niveaux des extrémités des éléments, les déplacements des étages et les déplacements relatifs entre étages, désignés dans la littérature par ("inter-storey drift"). Il est nécessaire de noter la différence entre la variable de dommage d et l'indicateur de dommage D. L'indicateur de dommage D est obtenu en divisant la variable de dommage d précédemment présentée par sa valeur ultime d_{max} : l'indicateur de dommage D vaut 1 lorsque la variable de dommage a atteint cette valeur. De plus, lorsque la variable de dommage est en-dessous d'une valeur seuil d_0, c'est-à-dire en l'absence de dommage, l'indicateur de dommage D a une valeur nulle.

3.3 Classification des Indicateurs de dommage

En général, deux groupes d'indicateurs de dommage sont distingués. L'indicateur local et l'indicateur global caractérisent respectivement le dommage d'un seul élément de la structure et de l'ensemble de la structure.

3.3.1 Indicateur de type local

Les indicateurs de dommage de type non cumulé, cumulé et combiné représentent les trois groupes principaux d'indicateurs de dommage local.

De nombreux indicateurs de dommage locaux sont proposés dans la littérature et sont comparés à des valeurs critiques afin d'évaluer le dommage subi par la structure. Dans la suite, un aperçu des indicateurs de dommage sera présenté.

En premier lieu, l'indicateur le plus simple est l'indicateur de dommage non cumulé qui traduit le dépassement de la valeur critique d'une certaine variable de dommage. Ces indicateurs sont uniquement construits à partir de la valeur maximale atteinte par une quantité physique, la variable de dommage. Par conséquent, l'indicateur n'évolue pas quel que soit le nombre de cycles de réponse pour lesquels cette valeur maximale est atteinte. Toutefois, il est largement utilisé en raison de sa simplicité.

La ductilité, qui représente le rapport de la déformation maximale δ_{max} à la déformation plastique δ_y, est un indicateur de type local qui ne prend pas en compte le cumul de dommage :

$$\mu_\delta = \frac{\delta_{max}}{\delta_y} \tag{3.1}$$

Il est généralement supposé que la ruine se produit lorsque la ductilité dépasse la valeur de la ductilité structurelle qui est définie par le rapport de la déformation maximale à la déformation plastique sous un chargement monotone.

Banon (1980) a proposé d'autres définitions de la ductilité (Figure 3.1), telles que le ratio de la rotation maximale θ_{max} sur la rotation plastique θ_y :

$$\mu_\theta = \frac{\theta_{max}}{\theta_y} \tag{3.2}$$

La ductilité peut aussi s'exprimer en utilisant la rotation plastique permanente θ_p par :

$$\mu_p = 1 + \frac{\theta_p}{\theta_y} \qquad (3.3)$$

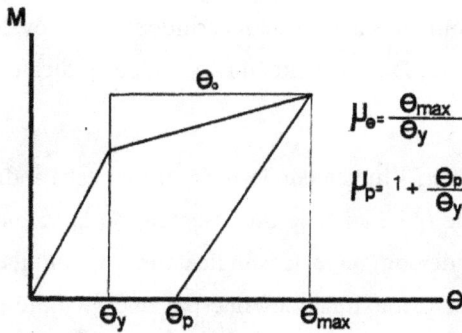

FIGURE 3.1: La ductilité de rotation et la ductilité permanente (Banon, 1980)

Une troisième formule de la ductilité a été proposée en se basant sur la courbure afin d'éviter les problèmes provenant de la dissymétrie des sections soumises à des sollicitations en flexion. La ductilité de courbure montrée sur la Figure 3.2, est définie par le rapport entre le moment M_{elas}, qui suppose un comportement linéaire de l'élément jusqu'au point de ruine, et le moment plastique M_y :

$$\mu_\phi = \frac{M_{elas}}{M_y} = \frac{\phi_{max}}{\phi_y} \qquad (3.4)$$

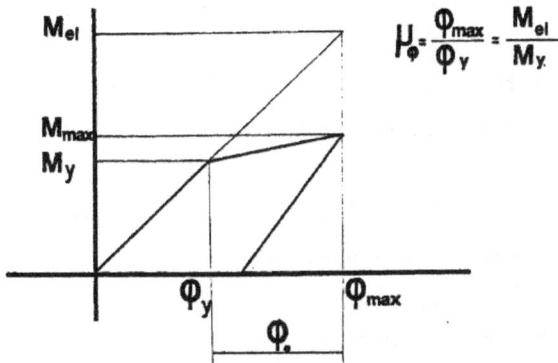

FIGURE 3.2: La ductilité de courbure (Banon, 1980)

Banon *et al.* (1981) ont proposé un indicateur dénommé le ratio de dommage par flexion ("Flexural Damage Ratio FDR") qui reproduit la dégradation de la rigidité par :

$$FDR = \frac{k_0}{k_m} \qquad (3.5)$$

où k_0 est la rigidité initiale et k_m est la rigidité sécante finale.

L'avantage d'utiliser le ratio de dommage par rapport à la ductilité est la prise en compte des déplacements et des forces. Autrement dit, s'il y a une dégradation de la résistance de la structure, elle sera considérée dans le calcul de la raideur sécante, et donc dans le calcul de l'indicateur dommage de Banon, mais elle n'aurait pas d'influence sur la ductilité.

Roufaiel *et al.* (1987) suggèrent un ratio de dommage en se basant sur celui proposé par Banon (Eq. 3.5). La rigidité sécante à la ruine a été prise dans cet indicateur par :

$$MFDR = \frac{k_f}{k_m} \cdot \frac{k_m - k_0}{k_f - k_0} \qquad (3.6)$$

où k_f est la rigidité sécante à la ruine.

En deuxième lieu, les indicateurs de dommage cumulés prennent en

77

compte le cumul de dommage au cours des cycles de réponse. Ainsi, pour des cycles de réponse à même niveau, l'indicateur de dommage continue de croître. Cet indicateur cumulé peut être exprimé en termes de déplacement, de déformation plastique ou d'énergie dissipée cumulée durant toute la durée de la réponse.

Le phénomène de fatigue dû à des cycles d'amplitudes faibles a été utilisé durant des analyses sismiques afin d'estimer le dommage des structures. Jeong (1985) a proposé un indicateur de dommage qui est calibré par rapport aux résultats expérimentaux relatifs à des chargements cycliques appliqués sur des composantes structurelles en béton armé et en acier. Pour une ductilité donnée, le nombre de cycles n_f à la ruine est défini par la formule suivante :

$$n_f . \mu^s = c_\mu \qquad (3.7)$$

où μ est la ductilité de déformation et (s, c_μ) sont des constantes empiriques obtenues à partir des résultats expérimentaux. La combinaison des effets des cycles d'amplitudes différentes fournit l'indicateur total de dommage qui s'écrit :

$$D = \sum_i \frac{n_i}{n_{f,i}} = \sum_i \frac{n_i . \mu_i^s}{c_\mu} \qquad (3.8)$$

où n_i est le nombre de cycles à un niveau de ductilité μ_i et $n_{f,i}$ désigne le nombre de cycles à ce même niveau conduisant à la ruine de la structure.

En vue de prendre en compte la possibilité de produire un dommage dû à la fatigue pour des cycles d'amplitudes faibles, Banon (1980) a proposé un indicateur de dommage cumulé nommé NCR ("Normalized Cumulative Rotation") en se basant sur la sommation de la rotation plastique produite à chaque cycle par :

$$NCR = \frac{\sum_i \theta_0}{\theta_y} = \frac{\sum_i |\theta_i - \theta_y|}{\theta_y} \tag{3.9}$$

où θ_0 est la soustraction de la rotation θ_i atteinte au cycle i avec la rotation plastique θ_y.

Kabir *et al.* (2010) ont proposé un autre type d'indicateur cumulé qui dépend de l'énergie dissipée. Il est adapté aux structures en béton armé et en acier sous des chargements monotones, cycliques et sismiques. Cet indicateur s'exprime en divisant l'énergie du demi-cycle principal sur l'énergie totale à la ruine dans le même élément structurel. Les formules suivantes présentent respectivement l'indicateur de dommage pour les déplacements positifs et les déplacements négatifs :

$$DI^+ = \frac{\sum_{j=1}^{j=i} E_{pi}^+}{\sum_{j=1}^{i=n} E_{pi}^+} \qquad DI^- = \frac{\sum_{j=1}^{j=i} E_{pi}^-}{\sum_{j=1}^{i=n} E_{pi}^-} \tag{3.10}$$

où E_{pi}^+ est l'énergie du demi-cycle principal (déplacement positif), E_{pi}^- est l'énergie du demi-cycle principal (déplacement négatif), i est le nombre de cycles et n est le nombre de cycles quand la rupture de l'élément est atteinte ($n = i_{max}$).

L'indicateur de dommage proposé est égal à la valeur maximale entre ces deux indicateurs :

$$DI = max(DI^+, DI^-) \tag{3.11}$$

Un indicateur de dommage cumulé basé sur l'énergie a été développé par Meyer *et al.* (1988). L'indicateur dépend de la définition du demi-cycle principal ainsi des demi-cycles suivants. L'indicateur de dommage cumulé pour les déformations positives est défini par :

$$D^+ = \frac{\sum E_{p,i}^+ + \sum E_i^+}{E_f^+ + \sum E_i^+} \tag{3.12}$$

où $E_{p,i}$ est l'énergie du demi-cycle principal, E_i est l'énergie de demi-cycles suivants et E_f est l'énergie absorbée dans un test monotone jusqu'à la ruine. L'indicateur de dommage est obtenu en combinant les indicateurs correspondants aux déplacements positifs et négatifs par la formule suivante :

$$D = D^+ + D^- - D^+ D^- \qquad (3.13)$$

Cet indicateur prend en compte l'effet d'un grand cycle de déplacement ainsi que l'effet de la fatigue, car une valeur élevée peut être produite soit par un seul cycle à une amplitude importante soit par plusieurs cycles à une amplitude faible.

Enfin, la combinaison d'indicateurs de dommage non cumulé et cumulé permet d'établir des indicateurs de dommage combinés. Ces indicateurs sont pertinents puisque les structures en béton armé sous excitations sismiques ne sont pas endommagées qu'en atteignant la valeur maximale d'un indicateur de dommage non cumulé mais aussi en considérant le dommage cumulé durant le chargement cyclique. Park *et al.* (1985) ont proposé un indicateur de dommage combiné sous chargement sismique très largement utilisé dans le domaine du génie parasismique (Bracci *et al.* (1995, 2003, 2004, 2006), Nanos *et al.* (2008), Amiri *et al.* (2008), Kappos 1997, Gunturi *et al.* (1992), De guzman *et al.* (2004), Cosenza *et al.* (1998), Elenas *et al.* (2001)). L'indicateur s'exprime sous la forme d'une combinaison linéaire d'un indicateur de dommage non cumulé caractérisé par la ductilité et d'un indicateur de dommage cumulé défini par l'énergie dissipée durant l'excitation sismique :

$$DI = \frac{\delta_m}{\delta_u} + \frac{\beta}{Q_y \delta_u} \int dE \qquad (3.14)$$

où DI est l'indicateur de dommage, δ_m est la déformation maximale sous séisme, δ_u est la déformation ultime sous chargement monotone, dE l'incrément d'énergie de type hystérétique absorbée, Q_y est la résistance minimale calculée dans le domaine inélastique et β est le paramètre qui pondère l'effet de cumul des dommages sur le dommage structurel total et peut être calculé par :

$$\beta = (-0.447 + 0.073\frac{l}{d} + 0.24n_0 + 0.314P_t)0.7^{\rho_w} \qquad (3.15)$$

où $\frac{l}{d}$ est le rapport entre la longueur de la poutre et la distance entre la fibre supérieure de la poutre et les armatures longitudinales de flexion ("shear span ratio"), n_0 est la contrainte axiale normalisée, P_t est le ratio des aciers longitudinaux et ρ_w est le ratio de confinement. Des données de 142 essais monotones et de 261 essais cycliques effectués sur des poutres et des poteaux en béton armé, rapportés aux Etats-Unis et au Japon, ont été utilisées afin de valider cet indicateur de dommage combiné (Eq. 3.14). Les paramètres (δ_u, Q_y, β) définis précédemment dans l'équation 3.14 sont évalués en fonction des données expérimentales disponibles. La valeur 1 de l'indicateur DI (Eq. 3.14) représente une ruine totale. D'après les auteurs (Park *et al.* 1985), cet indicateur de dommage peut estimer le dommage des structures en béton armé sous chargement sismique.

Cet indicateur combiné a été exprimé en moment-courbure selon Kunnath *et al.* (1990) suivant l'expression :

$$DI = \frac{\phi_m - \phi_y}{\phi_u - \phi_y} + \beta\frac{\int dE}{M_y\phi_u} \qquad (3.16)$$

où ϕ_m est la courbure maximale, ϕ_u est la courbure ultime, ϕ_y est la courbure plastique et M_y est le moment plastique de la section. Le paramètre β est estimé par :

$$\beta = (0.37n_0 + 0.36(k_p - 0.2)^2)0.9^{\rho_w} \qquad (3.17)$$

où k_p est le ratio normalisé d'acier. Les résultats expérimentaux pour trois différents types de structures sous chargement cycliques ont été utilisés pour valider cet indicateur de dommage combiné : un poteau, un portique de deux baies et de trois étages et une structure de sept étages.

Colombo *et al.* (2005) ont proposé une définition d'un indicateur de dommage combiné qui est indépendant de type de matériau constituant la structure. Cet indicateur s'exprime par une formule simple en considérant la dégradation du moment (ou de la force) par :

$$DI = 1 - \frac{M_{ac}}{M_{y0}} \qquad (3.18)$$

où $\frac{M_{ac}}{M_{y0}}$ représentant la dégradation de résistance est déterminé en divisant la valeur actuelle du moment (ou de la force) par la valeur théorique au point de plastification. Ce ratio est défini par l'expression suivante :

$$\frac{M_{ac}}{M_{y0}} = f(\beta_1, \mu) f(\beta_2, \int dE_{duct}) f(\beta_3, \int dE_{br}) \qquad (3.19)$$

Le premier terme de l'équation 3.19 représente l'effet lié à la déformation maximale atteinte. L'effet de la dissipation d'énergie est reproduit par les deuxième et troisième termes, qui se réfèrent aux éléments ductiles et fragiles, respectivement. Les trois termes sont présentés par les équations suivantes :

$$
\begin{aligned}
f(\beta_1, \mu) &= (1 - \frac{\mu_{max}}{\mu_u})^{1/\beta_1} \\
f(\beta_2, \int dE_{duct}) &= 0.5[1 - tanh(\beta_2 \frac{\int dE}{E_u^*} - \pi)] \qquad (3.20) \\
f(\beta_3, \int dE_{br}) &= exp(-\beta_3 \frac{\int dE}{E_u^*})
\end{aligned}
$$

où μ_{max} est la ductilité maximale atteinte, μ_u est la ductilité ultime, $\int dE$ est l'énergie dissipée, E_u^* est l'énergie hystérétique maximale obtenue à partir des valeurs de courbure et de moment à la plastification des aciers et à la ruine et (β_1, β_2, β_3) sont les paramètres de pondération. Les valeurs de ces derniers paramètres sont données pour plusieurs types d'éléments constituant les structures dans (Colombo *et al.* 2005). Une série d'analyse numérique sous chargements cycliques a été réalisée afin d'examiner l'indicateur proposé pour six types d'éléments structuraux composés de différents matériaux. Les comparaisons des réponses numériques avec les résultats expérimentaux ont montré l'efficacité de cet indicateur pour évaluer le dommage. Les six éléments structuraux sont : un poteau en béton armé confiné, un poteau rectangulaire d'acier remplis de béton, un joint d'acier soudé en T, un joint d'acier boulonné HS, un poteau rectangulaire en béton armé mal confiné et des voiles de cisaillement en béton armé.

Un classement de plusieurs indicateurs de dommage a été effectué par Borg *et al.* (2010). Le classement dépend de six critères identifiés par les auteurs. Les critères sont la capacité des paramètres à détecter la ruine, la capacité à décrire le dommage d'un élément, la capacité à décrire le dommage global, la facilité d'utilisation, la possibilité de calibration expérimentale et la capacité à prendre en compte les effets cycliques. En regard de ces critères, les auteurs trouvent que les deux meilleurs indicateurs de dommage sont ceux de Park *et al.* (1985) et de Kunnath *et al.* (1990) précédemment présentés. Ces résultats sont obtenus en appliquant six différents accélérogrammes dont les caractéristiques sont données dans Borg *et al.* (2010) sur deux structures en béton armé. La première structure est constituée par trois portiques réguliers de 3 baies de 4.5 *m* et 3 étages de 3 *m*. Tandis que la deuxième structure est irrégulière ayant une forme similaire à la première structure mais avec une irrégularité des portiques au niveau du premier étage. Les deux structures ont été construites selon le code italien de 1982.

3.3.2 Indicateur de type global

L'évaluation de l'indicateur local permet de localiser le dommage dans un élément de l'ouvrage. Cependant, il est indispensable de déterminer un indicateur global afin de prendre les décisions importantes concernant la protection civile et les capacités de résistance résiduelles d'un ouvrage endommagé, en vue d'une réhabilitation ou d'une destruction.

Un indicateur de dommage global peut être obtenu par la combinaison des indicateurs locaux. C'est une pratique courante de combiner les indicateurs locaux en utilisant un paramètre de pondération. L'énergie dissipée relative à une partie de structure ou le poids relatif à cette même partie de structure peuvent être considérés comme des paramètres possibles de pondération. Le paramètre de pondération reproduit la contribution de chaque élément structurel dans le dommage global de la structure entière, de sorte que les éléments les plus endommagés contribuent le plus au dommage global.

Park *et al.* (1984) ont proposé un indicateur de dommage global qui prend en compte une forte contribution de dommage venant de la partie la plus endommagée, ainsi que la contribution de dommages plus distribués dans toute la structure. Cet indicateur s'appuie sur la forte corrélation entre la répartition de dommage et la distribution de l'énergie dissipée. L'indicateur global D_T est défini par la somme des indicateurs locaux de chaque zone i, D_i, pondérée par l'énergie dissipée E_i :

$$D_T = \frac{\sum D_i.E_i}{E_i} \qquad (3.21)$$

Bracci *et al.* (1989, 2004) ont employé la charge de gravité w_i, c'est-à-dire le poids de l'élément de structure considéré, comme un paramètre de pondération pour obtenir l'indicateur de dommage global DI_g donné par :

$$DI_g = \frac{\sum w_i.D_i}{w_i} \qquad (3.22)$$

où D_i est l'indicateur de dommage de chaque composant i.

Parmi les indicateurs de dommage de type global, se trouve le très utilisé déplacement différentiel entre étages $ISD_{max\%}$ qui est obtenu en divisant le maximum de déplacement relatif entre deux planchers Δu_{max} au cours de la sollicitation sismique par la hauteur de l'étage h :

$$ISD_{max\%} = \frac{\Delta u_{max}}{h} \qquad (3.23)$$

Cet indicateur est d'une grande simplicité conceptuelle. Par exemple, nous pouvons noter qu'il ne reproduit pas le caractère cumulatif du dommage. Il se range donc dans la famille des indicateurs de dommage de type non cumulé comme la ductilité d'un élément.

En se basant sur cet indicateur global de dommage, des courbes de fragilité empiriques des structures ont été obtenues à partir d'une base de données décrivant les distributions de dommages observées lors de 19 tremblements de terre par Rossetto *et al.* (2003) ; ces bases de données concernent 340000 structures en béton armé. Les auteurs ont interprété ces données hétérogènes afin de proposer un nouvel indicateur de dommage homogène DI_{HRC} pour plusieurs types de structures. Cet indicateur global est calibré expérimentalement en fonction du déplacement relatif entre étages maximal $ISD_{max\%}$ pour des structures ayant différents systèmes résistants aux charges latérales. L'indicateur DI_{HRC} est défini respectivement pour un portique non ductile, un portique avec remplissage, une structure avec voiles de cisaillement et une structure générale combinant les systèmes de résistance portiques et voiles de cisaillement, selon les expressions suivantes :

$$
\begin{aligned}
DI_{HRC} &= 34.89 Ln(ISD_{max\%}) + 39.39 & R^2 &= 0.991 \\
DI_{HRC} &= 22.49 Ln(ISD_{max\%}) + 66.88 & R^2 &= 0.822 \\
DI_{HRC} &= 39.31 Ln(ISD_{max\%}) + 52.98 & R^2 &= 0.985 \qquad (3.24) \\
DI_{HRC} &= 27.89 Ln(ISD_{max\%}) + 56.36 & R^2 &= 0.760
\end{aligned}
$$

où R^2 est le coefficient de corrélation associés aux expressions précédentes par rapport à la base de données exploitée par les auteurs.

Ensuite, les auteurs ont défini sept niveaux de dommages pour les quatre principaux types de structures en béton armé trouvés en Europe selon la valeur de l'indicateur de dommage DI_{HRC}. Le Tableau 3.3 montrant les définitions des niveaux de dommage est présenté dans le paragraphe suivant.

Un indicateur de dommage global à partir des indicateurs de dommage locaux a été proposé par Amziane *et al.* (2008). Les résultats représentés par l'endommagement local et issus de la simulation numérique de la structure sont traités afin de calculer l'indicateur de dommage global. Les étapes du schéma proposé qui permettent d'obtenir cet indicateur global sont détaillées dans Amziane *et al.* (2000). La ruine d'un élément fini est déterminé par l'écrasement du béton comprimé ou par la déformation excessive des armatures. Alors, l'indicateur local d'un élément est défini par :

$$D_{élément} = max \begin{cases} D_{compression} & de\,béton \\ D_{traction} & d'acier \end{cases} \tag{3.25}$$

où :

$$D_{comp}(u) = 1 - \frac{1}{\mu(f_c, \frac{\varepsilon_r}{\varepsilon_0})} \qquad où : \mu(f_c, \frac{\varepsilon_r}{\varepsilon_0}) = 1 + (4.2 - 0.034 f_c)(\frac{\varepsilon_r}{\varepsilon_0}) \tag{3.26}$$

$$D_{trac} = \frac{\varepsilon_p}{\varepsilon_{max} - \varepsilon_e} \tag{3.27}$$

avec :

f_c : contrainte au pic pour le béton

ε_r : déformation résiduelle dans le béton

ε_0 : déformation au pic de contrainte pour le béton

ε_p : déformation plastique dans les armatures

ε_e : déformation maximale de la phase élastique pour les armatures

$\varepsilon_{max} = 10$ ‰ (ou donnée par l'expérience)

L'expression suivante définit l'indicateur de dommage global par :

$$D_{global} = \frac{\sum_{i=1}^{n} D_i + \sum_j D_j}{n + \sum_j D_j} \qquad (3.28)$$

avec i est l'indice des pseudo-rotules en formation (section ayant le plus fort endommagement) et j est l'indice des autres sections critiques endommagées qui ne participent pas au mécanisme.

Un portique simple a été analysé sous chargements monotone et cyclique. Les résultats obtenus par la simulation numérique ont validé la procédure proposée par Amziane par rapport aux résultats expérimentaux.

3.4 Qualification des Indicateurs de dommage

Durant les différentes analyses numériques menées dans cette étude, nous allons utiliser le déplacement relatif entre étages comme un indicateur de dommage global pour évaluer le niveau de dommage subi par les structures sous les excitations sismiques. Malgré le fait que cet indicateur ne traduit pas les endommagements cumulés, il reste très utilisé dans le domaine de génie parasismique grâce à sa simplicité, contrairement aux indicateurs de dommage combinés qui nécessitent des calibrations relatives aux paramètres empiriques.

Nous présentons dans la suite les différentes normes qui fournissent différentes limites pour estimer le niveau de dommage pour plusieurs types des structures selon la valeur de l'indicateur de dommage représenté par le déplacement relatif entre étages. Le non dépassement des valeurs limites de performance prescrites par ces normes assure que la structure pourrait maintenir sa stabilité au cours d'un tremblement de terre.

L'Eurocode 8 précise la limite du déplacement relatif entre étages d_r pour trois types de structures. Le Tableau 3.1 montre l'évolution de la limite de cet indicateur pour trois versions de l'Eurocode 8 (1989, 2000, 2004) pour différents structures désignées par A, B et C et explicitées ci-dessous :

- A : les bâtiments ayant des éléments non structuraux constitués de matériaux fragiles liés à la structure.
- B : les bâtiments ayant des éléments non structuraux, pourvus de fixations tels que ces éléments ne subissent pas la déformation de la structure.
- C : les bâtiments ayant des éléments non structuraux ductiles.

TABLE 3.1: Valeurs limites du déplacement relatif entre étages selon l'Eurocode 8

Type de Structure	Eurocode 8 (1989)	Eurocode 8 (2000)	Eurocode 8 (2004)
A	$d_r \leq [0.002]h\,v$	$d_r \leq [0.004]h\,v$	$d_r \leq [0.005]h\,v$
B	———·	———·	$d_r \leq [0.0075]h\,v$
C	$d_r \leq [0.006]h\,v$	$d_r \leq [0.0062]h\,v$	$d_r \leq [0.010]h\,v$

où h est la hauteur de l'étage, v est le coefficient de réduction tenant compte d'une période de retour réduite de l'événement sismique associée à l'état limite de service. Des valeurs du coefficient v sont données en prenant en compte la catégorie d'importance du bâtiment.

La norme américaine, le FEMA-356 (2000), définit trois niveaux de performance correspondant à l'endommagement subi par les structures sous des séismes selon la valeur du déplacement relatif entre étages. Les niveaux de performances dans cette norme définissent les intervalles de niveaux de dommage relatifs à l'occupation immédiate ("IO : Immediate Occupancy"), à la sécurité des vies ("LS : Life Safety") et à la prévention de l'effondrement ("CP : Collapse Prevention"). Les définitions de ces niveaux de performance pour mieux comprendre l'état de la structure après un séisme sont explicitées ci-dessous :

- L'occupation immédiate désigne un état de dommage très limité. Les systèmes résistant aux forces sismiques latérales conservent presque toutes leurs résistances et rigidités. Le risque pour les personnes est très faible. Certaines réparations mineures structurelles peuvent être appropriées mais ne sont pas nécessaires avant la réoccupation. La structure reste habitable sans danger.

- La sécurité des vies indique que des dommages significatifs de la structure ont eu lieu au cours du séisme avec une marge de sécurité contre l'effondrement partiel ou total de la structure. Il est prudent de mettre en œuvre des réparations avant la réoccupation. Enfin, la structure reste stable et les dommages sont non structuraux et restent localisés.

- La prévention de l'effondrement signifie que la structure risque un effondrement partiel ou total. Des dommages importants ainsi que des pertes significatives de rigidité et de résistance aux forces sismiques latérales ont eu lieu. Un risque significatif de chutes de débris structuraux peut existé. Enfin, la structure reste debout mais n'est pas sécurisée pour la réoccupation.

Les niveaux de performance dépendant de la valeur de déplacement relatif entre étages sont présentés dans le tableau suivant pour trois types de structures selon la norme américaine. Les types des structures dans ce tableau sont :

- A : un portique en béton armé
- B : un portique en béton armé avec mur de remplissage en maçonnerie non renforcée
- C : une structure pourvue de voiles de cisaillement

TABLE 3.2: Niveaux de dommage selon le FEMA-365 (2000)

Type de Structure	Occupation immédiate	Sécurité des vies	Prévention de l'effondrement
A	0.0	0.01	0.04
B	0.0	0.003	0.006
C	0.0	0.005	0.02

Rossetto *et al.* (2003) ont proposé une nouvelle évaluation du niveau de dommage des structures selon l'indicateur de dommage DI_{HRC} qui est fonction du déplacement relatif entre étages maximal $ISD_{max\%}$ pour les quatre principaux types de structures en béton armé présents en Europe. Le Tableau 3.3 montre les sept niveaux de dommage pour les différents types de structures selon Rosetto *et al.* (2003).

TABLE 3.3: Type de dommage prévu selon l'indicateur DI_{HRC} d'après Rossetto *et al.* (2003)

DI_{HRC}	DAMAGE STATE	DUCTILE MRF	NON-DUCTILE MRF	INFILLED MRF	SHEAR-WALL
0	None	No damage	No damage	No damage	No damage
10	Slight	Fine cracks in plaster partitions/infills	Fine cracks in plaster partitions/infills	Fine cracks in plaster partitions/infills	Fine cracks in plaster partitions/infills
20	Light	Start of structural damage	Start of structural damage	Cracking at wall-frame interfaces	Start of structural damage
30	Light	Hairline cracking in beams and columns near joints (<1mm)	Hairline cracking in beams and columns near joints (<1mm)	Cracking initiates from corners of openings	Hairline cracking on shear-wall surfaces & coupling beams
40	Light			Diagonal cracking of walls. Limited crushing of bricks at b/c connections	Onset of concrete spalling at a few locations
50	Moderate	Cracking in most beams & columns	Flexural & shear cracking in most beams & columns	Increased brick crushing at b/c connections	Most shear walls exhibit cracks
60	Moderate	Some yielding in a limited number	Some yielding in a limited number	Start of structural damage	Some walls reach yield capacity
70	Moderate	Larger flexural cracks & start of concrete spalling	Shear cracking & spalling is limited	Some diagonal shear cracking in members especially for exterior frames	Increased diagonal cracking & spalling at wall corners
80	Extensive	Ultimate capacity reached in some elements – large flexural cracking, concrete spalling & re-bar buckling	Loss of bond at lap-splices, bar pull-out, broken ties	Extensive cracking of infills, falling bricks, out-of-plane bulging	Most shear walls have exceeded yield, some reach ultimate capacity, boundary element distress seen.
90	Extensive	Short column failure	Main re-bar may buckle or elements fail in shear	Partial failure of many infills, heavier damage in frame members, some fail in shear	Re-bar buckling, extensive cracking & through-wall cracks. Shear failure of some frame members
100	Partial Collapse	Collapse of a few columns, a building wing or single upper floor	Shear failure of many columns or impending soft-storey failure	Beams &/or columns fail in shear causing partial collapse. Near total infill failure	Coupling beams shattered and some shear walls fail
	Collapse	Complete or impending building collapse	Complete or isoft-storey failure at ground floor	Complete or impending building collapse	Complete or impending building collapse

Les valeurs de déplacement relatif entre étages pour quatre niveaux de dommage sont proposées dans la norme HAZUS (2003) pour plusieurs types de structures, plusieurs hauteurs de structure et pour plusieurs types de codes utilisés pour construire les structures. Le Tableau 3.4 suivant montre les limites de déplacement relatif entre étages dans le cas où la date construction est antérieure aux normes parasismiques contraignantes (période dite pré-Code). Les trois types de structures considérés sont :

- C1L : un portique en béton armé de faible hauteur.
- C3L : un portique en béton armé avec mur de remplissage en maçonnerie non renforcée de faible hauteur.
- C2H : une structure de voiles de cisaillement de grande hauteur.

TABLE 3.4: Niveau de dommage selon HAZUS (2003)

Type de Structure	Déplacement relatif entre étages			
Niveau de dommage	Léger	Modéré	Important	Ruine
C1L	0.0040	0.0064	0.016	0.04
C3L	0.0024	0.0048	0.012	0.028
C2H	0.0016	0.0031	0.0079	0.02

3.5 Conclusion

Plusieurs types d'indicateur de dommage ont été présentés au sein de ce chapitre. Ils sont de nature locale ou globale, prennent en compte ou non l'aspect cumulatif du dommage. A l'échelle d'un bâtiment complet, l'indicateur le plus utilisé dans le domaine de la protection des structures vis-à-vis du risque sismique est le maximum de déplacements différentiels. Cet indicateur qui représente le dommage global subi au niveau d'un étage pour un bâtiment est global et ne reproduit pas l'aspect cumulatif du dommage. Les valeurs prises par cet indicateur de dommage permettent de quantifier l'état de la structure en se référant aux codes de construction comme les normes Eurocode, FEMA ou HAZUS.

Cet indicateur est aussi utilisé par la suite pour quantifier les états de dommage relatifs à des structures soumises numériquement à des excitations sismiques. La prédiction de la réponse dynamique d'une structure non linéaire passe par le choix d'une méthode de discrétisation spatiale (la méthode aux éléments finis), une méthode de discrétisation temporelle (schéma de l'accélération moyenne), et le choix d'éléments finis adaptés associés à des lois de comportement reproduisant les phénomènes de dégradation principaux ayant lieu au sein des matériaux (béton, acier, maçonnerie). Ces aspects seront présentés par la suite.

En s'appuyant sur le modèle aux éléments finis, la pertinence de la procédure simplifiée d'analyse modale non linéaire découplée modifiée M-UMRHA (présentée dans les chapitres 1 et 2) sera investiguée. Il faut souligner que les décroissances de fréquence propre et les évolutions de déformées modales qui sont mobilisées au sein de la méthode M-UMRHA proposée sont pilotées par un même indicateur de dommage X, qui représente le maximum de déplacement en tête de la structure considérée. Le choix de cet indicateur est bien sûr commode car il permet de mettre en relation la courbe de pushover, qui représente l'effort tranchant à la base en fonction du déplacement en tête X, avec les chutes de fréquences $f(X)$, les évolutions de déformées modales $\phi'(X)$ et des facteur de participation modale $\Gamma'(X)$.

4 Modèles constitutifs

4.1 Introduction

La prédiction de la réponse d'une structure sous chargements monotone ou cyclique requiert des modèles de comportement adaptés aux matériaux constitutifs. L'emploi des modèles locaux permet de reproduire la dégradation de chaque matériau et de localiser les zones de fort dommage pour une structure.

Deux modèles locaux de comportement du béton sont considérés selon le type d'élément fini utilisé. Pour les éléments finis de type coque ou coque multicouches, un modèle bi-axial basé sur le concept de fissuration fixe et répartie est employé. Ce modèle a été utilisé avec succès au cours des 15 dernières années pour de nombreux spécimens en béton armé testés en laboratoire : bâtiment avec des voiles de cisaillement, voiles, murs en U (Merabet *et al.* (1999), Ile *et al.* (2000, 2005), Brun *et al.* (2003, 2011)). Pour les éléments finis de type barre, poutre ou poutre multifibres, des lois unidimensionnelles suffisent. Nous utiliserons les lois phénoménologiques "Beton_uni" et Menegotto Pinto disponibles au sein du code Cast3M qui permettent de reproduire le comportement mécanique des fibres de béton et d'acier sous chargements cycliques. Enfin, pour les panneaux de maçonnerie, la loi "Infill_Uni" disponible sur Cast3M et implémentée par Combescure *et al.* (2000) sera associée à des éléments finis de type barre qui représenteront de façon simplifiée le comportement des bielles qui se forme au sein du remplissage en maçonnerie.

4.2 Béton

4.2.1 Modèle bi-axial en contraintes planes pour des modélisations avec des EF plans ou des EF coques, coques multi-couches

Le modèle bi-axial local cyclique de béton développé à l'INSA est capable de rendre compte des phénomènes de dégradation relatifs au béton comme la fissuration et la dissipation de l'énergie, apparaissant au cours de chargements cycliques. Ce modèle a été proposé par Merabet *et al.* (1999) et a été validé ensuite par Ile *et al.* (2000, 2005) en l'appliquant sur différentes structures soumises à des chargements cycliques telles que les murs de cisaillement en forme de U et les murs de cisaillement de faible élancement. Le modèle "Béton_INSA" distingue deux comportements du béton suivant l'apparition des fissures. Le béton intègre, sans fissuration, se comporte dans le cadre de l'élasto-plasticité en contraintes planes avec écrouissage isotrope, représentant le béton comme un milieu continu. A partir de l'initiation de la fissuration, le second comportement relatif au béton fissuré est initié ; il est reproduit par des lois uniaxiales découplées dans le repère des fissures, reproduisant de façon simplifiée le comportement orthotrope du béton fissuré ainsi que le caractère unilatéral de la fissuration (ouverture et fermeture).

4.2.1.1 Béton intègre Le comportement élasto-plastique en contraintes planes caractérise le modèle "Béton_INSA" avant l'apparition des fissures. La loi d'écoulement est associée. L'écrouissage est isotrope. Dans l'état du béton intègre, les surfaces de charges en traction et compression sont de type Nadai (Figure 4.1). Dans l'espace des contraintes principales, en compression ou traction/compression, l'écrouissage est positif depuis une surface de charge initiale jusqu'à la surface ultime puis devient négatif en régime de post-pic en compression. En traction, le comportement est élastique tant que le critère de fissuration n'est pas vérifié.

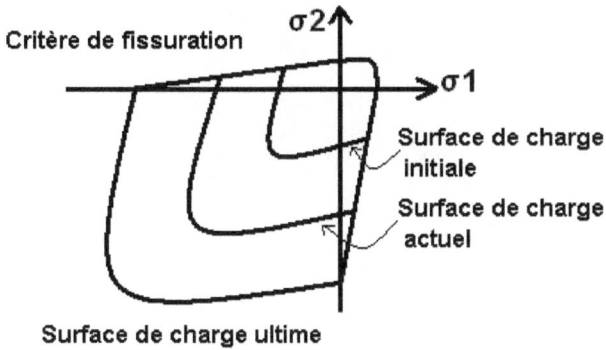

FIGURE 4.1: Surface de rupture et surfaces de charge dans le plan des contraintes principales

Une relation linéaire entre les contraintes octaédrales τ_{oct} *et* σ_{oct} définit la surface de rupture de type Nadai. En cas de compression pure ($\sigma_1 <$ 0 *et* $\sigma_2 < 0$), la surface de rupture s'exprime par :

$$f_{comp}(\sigma_{oct}, \tau_{oct}) = \frac{\tau_{oct} + a.\sigma_{oct}}{b} - f'_c = 0 \qquad (4.1)$$

La surface de rupture en traction pure ou en traction-compression ($\sigma_1 >$ 0 *et/ou* $\sigma_2 > 0$), est définie par :

$$f_{trac}(\sigma_{oct}, \tau_{oct}) = \frac{\tau_{oct} + c.\sigma_{oct}}{d} - f'_c = 0 \qquad (4.2)$$

avec :

$$\sigma_{oct} = \frac{I_1}{3}$$

$$\tau_{oct} = \sqrt{\frac{2J_2}{3}} = \sqrt{\frac{2}{9}}\sigma_{eq}$$

$$a = \sqrt{2}\frac{\beta - 1}{2\beta - 1} \tag{4.3}$$

$$b = \frac{\sqrt{2}}{3}\frac{\beta}{2\beta - 1}$$

$$\beta = \frac{f_c'}{f_{cc}'}$$

$$c = \sqrt{2}\frac{1 - \alpha}{1 + \alpha}$$

$$d = \frac{2\sqrt{2}}{3}\frac{\alpha}{1 + \alpha}$$

$$\alpha = \frac{f_t'}{f_c'}$$

où I_1 est le premier invariant du tenseur des contraintes

J_2 est le second invariant du déviateur des contraintes

f_c' étant la résistance du béton en compression uniaxiale

f_{cc}' étant la résistance du béton en compression biaxiale

f_t' étant la résistance du béton en traction uniaxiale

Les paramètres du critère a, b, c, d fonctions de α et de β sont déduits à partir de trois essais : compression uniaxiale f_c', traction uniaxiale f_t' et compression biaxiale f_{cc}' (pour $\sigma_{xx}/\sigma_{yy} = 1$ et $\tau_{xy} = 0$).

L'hypothèse d'une surface seuil, dépendante des invariants du tenseur des contraintes et à l'intérieur de laquelle le comportement est élastique, permet d'obtenir la surface de charge actuelle à partir de la surface de charge ultime. Le domaine initial d'élasticité est calculé en supposant qu'il représente 30% de la surface de rupture dont l'équation s'écrit, en considérant un écrouissage isotrope :

$$f(\sigma,k) = \frac{\tau_{oct} + a.\sigma_{oct}}{db} - \tau(k) = 0 \qquad (4.4)$$

avec $(\sigma_1 < 0 \; et \; \sigma_2 < 0 \quad ou \quad \sigma_1 < 0 \; et \; \sigma_2 > 0)$.

La surface de charge actuelle évolue donc au fur et à mesure que les contraintes progressent et ce en compression biaxiale comme en traction-compression. Au sein du modèle, l'évolution de cette surface est dictée par la variable interne k qui représente la déformation plastique cumulée.

4.2.1.2 Béton fissuré La vérification du critère de fissuration enclenche le passage de l'état intègre du béton, correspondant aux lois biaxiales décrites dans la section précédent, à l'état fissuré dans un repère de fissuration fixé par la direction de la contrainte principale majeure de traction à l'atteinte du critère de fissuration. Ceci constitue le deuxième état du modèle béton. Dans l'état fissuré, des lois phénoménologiques unidirectionnelles dans le repère de fissuration sont considérées permettant ainsi de reproduire de manière simplifiée le caractère orthotrope du matériau fissuré et d'implémenter facilement des lois de matériaux unidirectionnelles reproduisant le comportement adoucissant lors de l'ouverture de fissures, la fermeture de fissures, les passages non linéaires en compression, les chutes de rigidité sous chargements cycliques.

La Figure 4.2 montre que le repère de la première fissure qui est considéré comme fixe, fait un angle Φ par rapport au repère global. La direction de cette fissure est perpendiculaire à la direction de la contrainte principale majeure en traction lorsque la surface de rupture en traction est atteinte. Également selon cette loi, une seconde fissure peut se créer mais seulement dans la direction perpendiculaire à la direction de la première fissure.

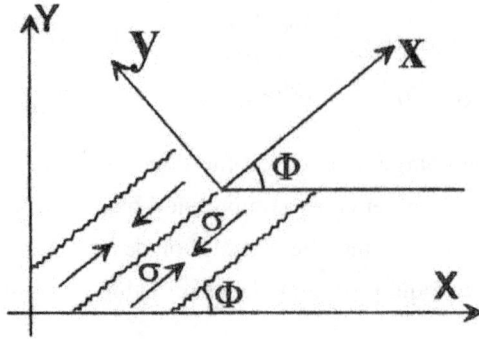

FIGURE 4.2: Le repère de la fissure

Deux lois uni-axiales expriment le comportement du béton fissuré sous chargement cyclique dans le repère de la fissure (dans les directions normale à la fissure et parallèle à la fissure). La Figure 4.3 montre la loi de comportement de la contrainte en fonction de la déformation pour un point de Gauss initialement tendu.

Les étapes représentant le comportement du béton pour un point de Gauss initialement tendu en suivant les trajets de 1 à 9 (Figure 4.3) sont :
  – l'élasticité jusqu'à atteindre le pic en traction
  – l'ouverture de la fissure suivant une pente négative
  – l'ouverture de la fissure à une contrainte nulle
  – la fermeture de la fissure en changeant le sens de chargement
  – la restauration de la rigidité en refermant complètement la fissure
  – le déchargement de la courbe de compression suivant une pente E_2
  – le déchargement selon la pente E_1 correspondant à la refermeture de la fissure
  – l'ouverture de la fissure à une contrainte nulle
  – la fermeture de la fissure en changeant le sens de chargement

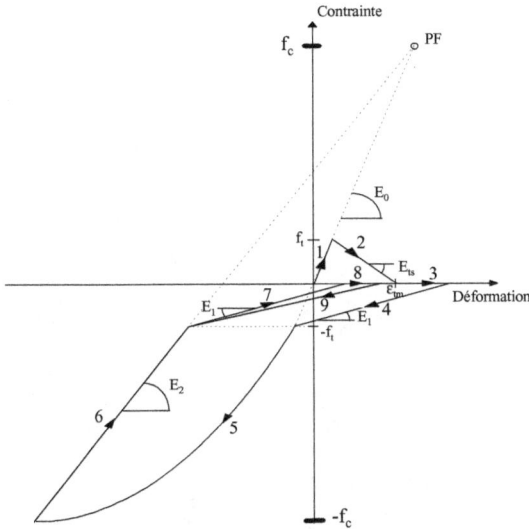

FIGURE 4.3: Modèle uni-axial cyclique : point initialement tendu

De même, le comportement d'un point initialement comprimé sous chargement cyclique est schématisé sur la Figure 4.4 qui est constitué des étapes suivantes :

– chemin de compression non linéaire (type parabolique) jusqu'à l'atteinte du pic en compression
– ouverture de la fissure avec le déchargement suivant une pente réduite E_2 jusqu'à la déformation résiduelle ε_r
– ouverture de la fissure jusqu'à l'atteinte du nouveau pic en traction
– fermeture de la fissure en rechargement jusqu'à la restauration de la rigidité réduite E_2 (suivant le trajet 2)
– adoucissement du béton en compression.

99

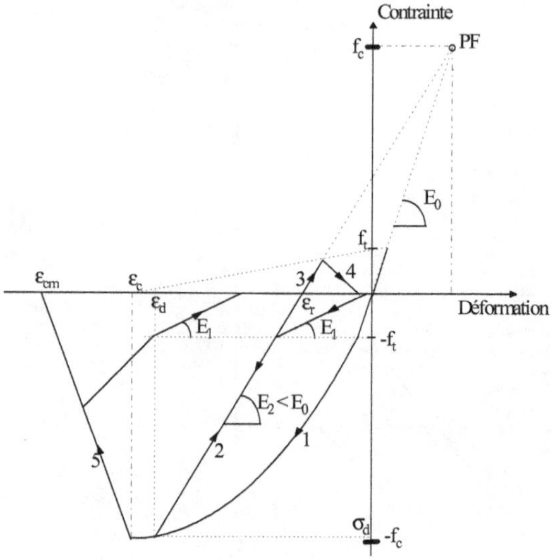

FIGURE 4.4: Modèle uni-axial cyclique : point initialement comprimé

4.2.2 Modèle uni-axial

Le modèle uni-axial nommé "Béton_Uni" (Figure 4.5) dans le code Cast3M est capable de présenter le comportement du béton sous chargement cyclique. Les phénomènes de l'adoucissement en compression et en traction, l'effet de confinement et le comportement unilatéral du béton caractérisé par la refermeture de fissures sont pris en compte.

La non linéarité du béton en compression s'exprime par une loi en deux parties de Hognestad (1951) : une partie parabolique croissante jusqu'au pic en compression suivie d'une ligne droite descendante représentant l'adoucissement. Pour le béton confiné, une troisième partie est considérée après l'adoucissement et avant la ruine : il s'agit d'un plateau de pente zéro avec une contrainte résiduelle non nulle. La contrainte résiduelle pour cette nouvelle branche selon Park *et al.* (1982) est estimée à 20% de la contrainte maximale.

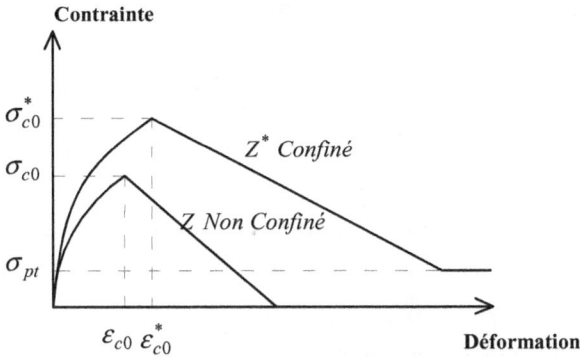

FIGURE 4.5: Loi en compression pour le modèle de comportement "Béton_Uni"

Les trois parties sont définies par les expressions suivantes :

$$\begin{aligned}
\frac{\sigma}{\sigma_{c0}} &= \frac{\varepsilon}{\varepsilon_{c0}}\left(2.0 - \frac{\varepsilon}{\varepsilon_{c0}}\right) && 0 < \varepsilon < \varepsilon_{c0} \\
\frac{\sigma}{\sigma_{c0}} &= 1.0 + Z(\varepsilon - \varepsilon_{c0}) && \varepsilon_{c0} < \varepsilon \\
\sigma_{Pt} &= 0.2 * \sigma_{c0}
\end{aligned} \tag{4.5}$$

où σ_{c0} est la contrainte maximale en pic de compression, ε_{c0} est la déformation maximale en pic de compression, Z est la pente dans la zone d'adoucissement et σ_{Pt} est la contrainte résiduelle après l'adoucissement.

Les étriers dans la section empêchent le gonflement du noyau de béton. Ce phénomène de confinement modifie le pic en compression et diminue la pente d'adoucissement du béton. L'effet de confinement est pris en compte par un paramètre de confinement β dépendant de deux coefficients (α, ω_ω) qui sont reliés aux caractéristiques de la section :

$$\beta = min \begin{cases} 1 + 2.5\alpha.\omega_\omega \\ 1.125 + 1.25\alpha.\omega_\omega \end{cases} \tag{4.6}$$

Les coefficients α, ω_ω sont donnés par les expressions suivantes :

$$\alpha = \left(1 - \frac{8}{3n}\right)\left(1 - \frac{s}{2b_c}\right)\left(1 - \frac{s}{2h_c}\right) \quad (4.7)$$

$$\omega_\omega = \frac{A_{sw}\sigma_{\gamma w}l_w/s}{b_c h_c \sigma_{c0}}$$

où n est le nombre de barres longitudinales situées dans les angles des étriers

b_c est la largeur de béton confiné

h_c est la hauteur de béton confiné

s est la distance entre les étriers

A_{sw} est la section des étriers

$\sigma_{\gamma w}$ est la contrainte de plastification des étriers

l_w est la longueur total des étriers (en incluant la longueur de pliage des étriers)

σ_{c0} est la contrainte maximale en compression du béton

Si l'on prend en compte l'effet de confinement décrit sur la Figure 4.5, les valeurs de la contrainte et de la déformation au pic de compression doivent être corrigées ainsi que la pente d'adoucissement Z par les formules suivantes :

$$\sigma_{c0}^* = \beta.\sigma_{c0}$$
$$\varepsilon_{c0}^* = \beta^2.\varepsilon_{c0} \quad (4.8)$$
$$Z^* = \frac{\beta - 0.85}{\beta(0.1\alpha.\omega_\omega + 0.0035 + \varepsilon_{c0}^*)}$$

Le comportement en traction (Figure 4.6) est représenté par trois parties : une partie linéaire élastique jusqu'à la valeur maximale de contrainte en traction σ_t, une partie linéaire d'adoucissement après fissuration jusqu'à la valeur maximale de déformation d'ouverture de fissure ε_{tm} et un plateau de traction résiduelle après l'adoucissement et avant la ruine. Les formules suivantes déterminent les parties de la loi en traction :

$$
\begin{aligned}
\sigma &= E_0.\varepsilon & & 0 < \varepsilon < \varepsilon_t \\
\sigma &= \sigma_t \left(\frac{r - (\varepsilon / \varepsilon_t)}{r - 1} \right) & r = \frac{\varepsilon_{tm}}{\varepsilon_t} & \quad \varepsilon_t < \varepsilon \leq \varepsilon_{tm} \qquad (4.9) \\
\sigma_{tr} &= 0.2 * \sigma_t & & \varepsilon \geq \varepsilon_{tm}
\end{aligned}
$$

où E_0 est le module d'Young en compression, σ_t est la contrainte maximale en pic de la traction, ε_t est la déformation maximale en pic de la traction, r est le facteur définissant l'adoucissement de traction, ε_{tm} est la déformation maximale d'ouverture de fissure et σ_{tr} est la contrainte résiduelle après l'adoucissement.

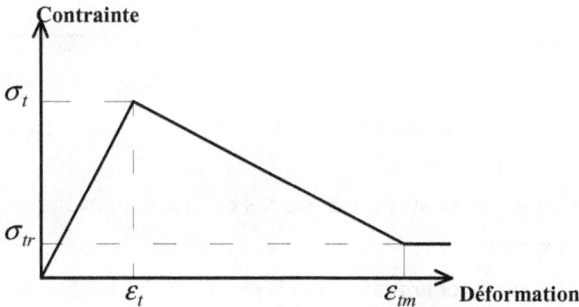

FIGURE 4.6: Loi de comportement "Béton_Uni" - Comportement en traction

Deux lois de refermeture/ouverture de la fissure contrôlent la souplesse de la refermeture de fissure (Combescure, 2001). Deux jeux de paramètres qui définissent la loi de refermeture, sont résumés dans le Tableau 4.1 et leurs influences sur la refermeture de fissure sont illustrées sur la Figure 4.7.

TABLE 4.1: Paramètres de fermeture (raide – souple)

Paramètre en Cast3M	Refermeture raide (moins souple)	Refermeture souple
$F_1 = FAMX$	10	1
$F_2 = FACL$	1	1
$F_1' = FFAM1$	1	10
$F_2' = FAM2$	10	10

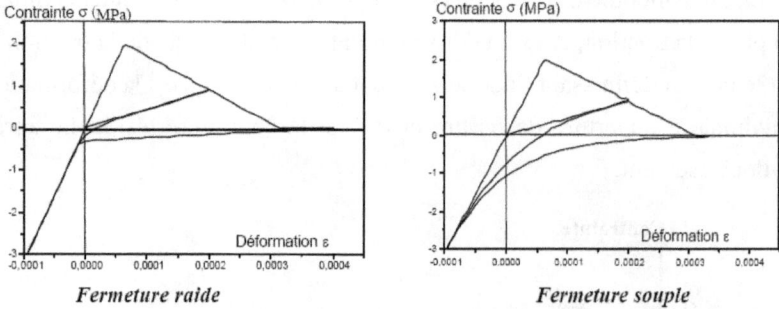

Fermeture raide

Fermeture souple

FIGURE 4.7: Lois de refermeture/ouverture de la fissure selon (Combescure, 2001)

Une loi de comportement du béton sous chargement cyclique est adoptée pour prendre en compte les phénomènes essentiels mis en jeu au sein du matériau béton sous chargement cyclique. Cette loi basée sur des résultats expérimentaux est représentée sur la Figure 4.8. La courbe monotone de compression (Figure 4.5) représente l'enveloppe de la loi de comportement du béton en compression sous chargement cyclique selon Guedes *et al.* (1994).

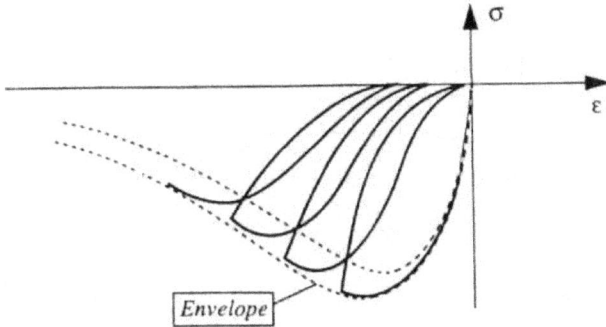

FIGURE 4.8: Comportement du béton en compression sous chargement cyclique selon Guedes *et al.* (1994)

La dégradation de la rigidité du béton au cours des cycles de chargement est traduite par la diminution de la pente de déchargement à partir de la courbe enveloppe en compression. Elle s'exprime en fonction de l'augmentation de la déformation maximale ε_{max} selon la formule suivante :

$$E_d = E_0 \left(1 - \frac{(\varepsilon_{max}/\varepsilon_{c0})^2}{1 + (\varepsilon_{max}/\varepsilon_{c0}) + (\varepsilon_{max}/\varepsilon_{c0})^2} \right) \qquad (4.10)$$

où ε_{c0} est la déformation maximale au pic en compression sous chargement monotone

ε_{max} est la déformation maximale pendant l'histoire de chargement

E_0 est la valeur initiale du module de Young en compression

Le modèle de comportement en traction, représenté sur la Figure 4.9, comprend une enveloppe linéaire en compression, partant du point $(0, \varepsilon_{c0})$ jusqu'au point de la contrainte maximale en traction $(\sigma_t, \varepsilon_t)$. La définition de cette enveloppe permet d'obtenir la résistance en traction résiduelle lors d'un déchargement en compression et rechargement en traction. Le comportement adoucissant en traction suit la même pente que lors de la première fissuration.

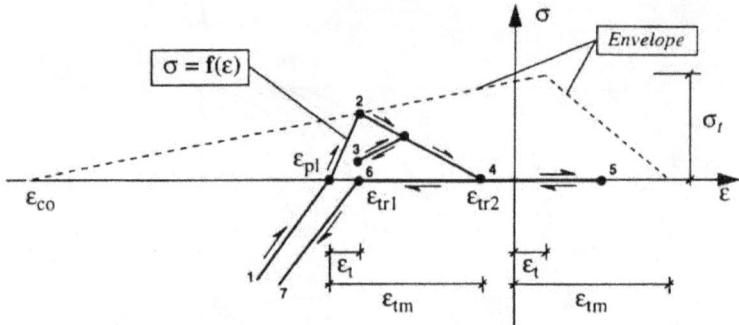

FIGURE 4.9: Modèle numérique de comportement du béton en traction au cours des cycles de chargement selon Guedes *et al.* (1994)

4.3 Acier

La loi modifiée de Menegotto-Pinto (1973) représente le comportement d'acier sous chargement cyclique. La courbe monotone de cette loi (Figure 4.10) est caractérisée par trois phases : une phase linéaire élastique définie par le module de Young E_a jusqu'à la contrainte de plastification σ_{sy}, suivie par un plateau de contrainte de la déformation de plastification ε_{sy} à la déformation du début d'écrouissage ε_{sh}, puis finalement, par une courbe d'écrouissage jusqu'à la rupture. Les phases de la courbe monotone sont formulées par :

$$
\begin{aligned}
\sigma &= E_a.\varepsilon & 0 < \varepsilon < \varepsilon_y \\
\sigma &= \sigma_{sy} & \varepsilon_y < \varepsilon < \varepsilon_{sh} \quad (4.11) \\
\sigma &= \sigma_{su} - (\sigma_{su} - \sigma_{sy}).\left(\frac{\varepsilon_{su} - \varepsilon}{\varepsilon_{su} - \varepsilon_{sh}}\right)^4 & \varepsilon \geq \varepsilon_{tm}
\end{aligned}
$$

où E_a est le module d'élasticité de l'acier, σ_{su} est la contrainte ultime de l'acier et ε_{su} est la déformation ultime de l'acier.

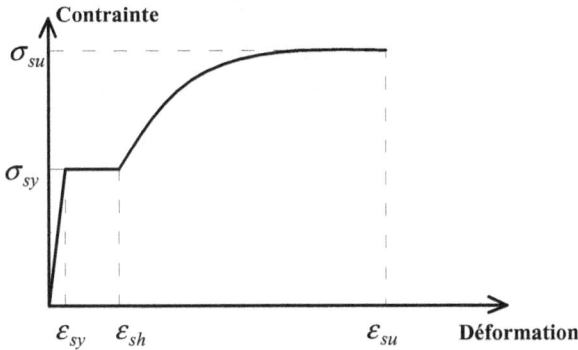

FIGURE 4.10: Loi de Menegotto-Pinto sous chargement monotone

La Figure 4.11 présente le comportement de l'acier sous chargement cyclique. Le comportement cyclique est encadré par les deux droites asymp-
totes de pentes E_a et E_h. L'effet de Baushinger, qui représente l'abaisse-
ment de la valeur absolue de la limite d'élasticité en compression consécu-
tive à une traction préalable, est pris en compte. La pente de l'écrouissage
cinématique E_h est donnée par la formule suivante :

$$E_h = \frac{\sigma_{su} - \sigma_{sy}}{\varepsilon_{su} - \varepsilon_{sy}} \tag{4.12}$$

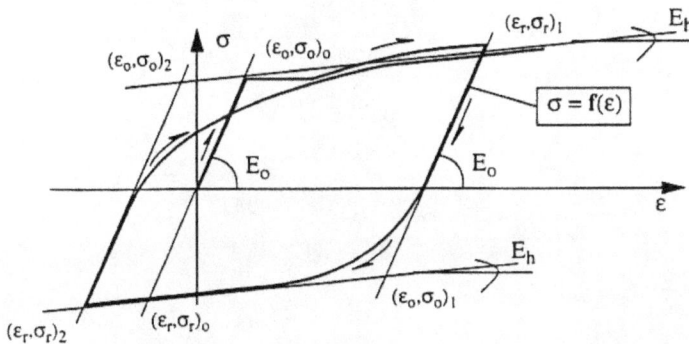

FIGURE 4.11: Loi de comportement de l'acier sous chargement cyclique selon Guedes *et al.* (1994)

L'effet de flambement, représenté sur la Figure 4.12, se reproduit quand le ratio de la distance entre deux étriers L sur le diamètre D des aciers de flexion est supérieur à 5. La pente de l'asymptote de la courbe de comportement devient négative et est définie par :

$$E_h = a(5\frac{L}{D})E_a \qquad (4.13)$$

où E_a est le module d'élasticité de l'acier

E_h est le module d'écrouissage de l'acier

a est un paramètre expérimental

De plus, le module de décharge en compression E_r est alors inférieur au module élastique E_a :

$$
\begin{aligned}
E_r &= a_5 E \\
a_5 &= 1 + \frac{5(L/D)}{7.5}
\end{aligned} \qquad (4.14)
$$

Quand le rapport L/D est inférieur ou égal à 5 la courbe de compression est semblable à celle de traction, et aucun effet de flambement n'est observé.

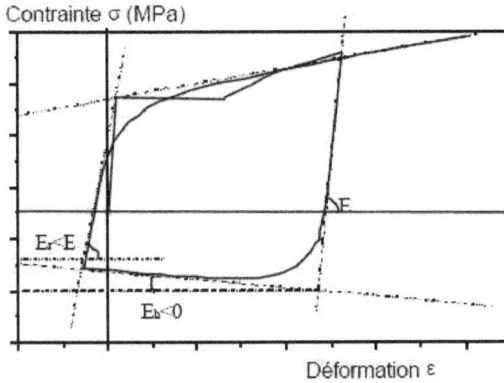

FIGURE 4.12: Loi de comportement de l'acier sous chargement cyclique – effet de flambage (Combescure, 2001)

4.4 Maçonnerie

La loi globale "Infill_Uni" proposée par Combescure *et al.* (2000) et implémentée dans le code Cast3M représente le comportement du mur avec un remplissage de maçonnerie. Le panneau de maçonnerie est remplacé par deux diagonales représentant les bielles en compression qui se forment au sein du panneau de maçonnerie. Le comportement des bielles est décrit par la loi uniaxiale globale "Infill_Uni" (Figure 4.13). La courbe monotone en compression de cette loi présente trois parties qui sont identifiées à partir d'une modélisation à une échelle de sophistication supérieure. Cette modélisation décrite dans les travaux de Combescure (1996, 2000, 2006), s'appuie sur une modélisation avec des éléments finis plans et un modèle local de comportement de type Rankine en compression et en traction pour la maçonnerie.

Des éléments d'interface avaient été considérés pour assurer la liaison entre les EF du portique en béton armé et le panneau de maçonnerie. Les auteurs ont souligné l'influence des caractéristiques de ces éléments d'interface pour la détermination de la courbe de chargement monotone. Des formules générales sont finalement proposées pour la caractérisation des panneaux de maçonnerie.

Les différentes phases identifiant la courbe monotone en compression sont caractérisées par les différentes expressions relatives au module de Young. La courbe monotone montrée sur la Figure 4.13 commence par une partie linéaire élastique jusqu'aux valeurs de déformation et de résistance (d_e, F_e), le module de Young initial E_0 s'écrivant :

$$E_0 = F_e/d_e \qquad\qquad 0 < d < d_e \qquad\qquad (4.15)$$

La deuxième partie de la courbe traduit la dégradation de rigidité due à la fissuration jusqu'aux valeurs (d_c, F_c). La non linéarité est reproduite par la dégradation de rigidité qui est quantifiée par une variable de dommage D. Le module de Young actuel E_{actuel} est défini par :

$$E_{actuel} = (1 - D).E_0 \qquad\qquad d_e < d < d_c \qquad\qquad (4.16)$$

La variable de dommage D varie entre 0 et D_{max} selon la formule :

$$D = 1 - \frac{F}{E_0.d} \qquad\qquad d_e < d < d_c \qquad\qquad (4.17)$$

avec

$$D_{max} = 1 - \frac{F_c}{E_0 d_c} \qquad\qquad (4.18)$$

Enfin, un plateau de contrainte reproduit l'écrasement de la maçonnerie par compression, suivi par un comportement adoucissant jusqu'à la ruine. Le module de Young a une valeur constante égale à :

$$E_{max} = (1 - D_{max}).E_0 \qquad\qquad d > d_c \qquad\qquad (4.19)$$

A partir de la déformation actuel d_{actuel}, de la résistance actuelle $F_{actuelle}$, du module de Young initial E_0 et de la variable maximale de dommage

D_{max}, la déformation plastique est définie par :

$$d_{plastique} = d_{actuel} - \frac{F_{actuelle}}{(1 - D_{max})E_0} \qquad (4.20)$$

Sous chargement cyclique, la loi "Infill_Uni" permet de modéliser les phénomènes de pincement lors de la refermeture des fissures et de la dégradation de la résistance. Il est à noter que cette loi ne s'applique pas à la résistance en traction : les bielles fonctionnent uniquement en compression avec une résistance nulle en traction.

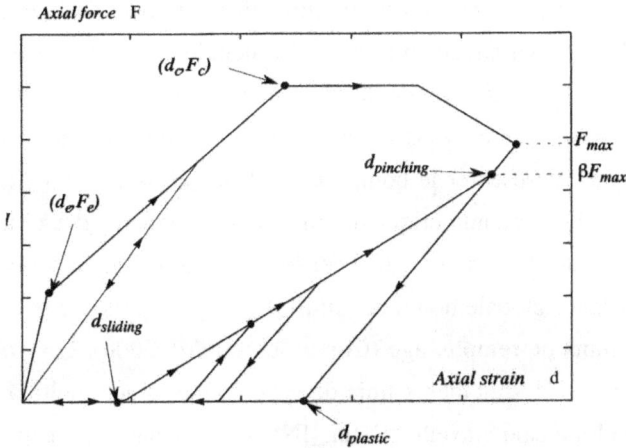

FIGURE 4.13: Loi de comportement globale "Infill_Uni" (Combescure *et al*. 2000)

4.5 Conclusion

Nous avons présenté dans ce chapitre les différentes lois de comportement que nous allons mobiliser par la suite pour la modélisation de trois types de structure soumises à différents niveaux d'excitations sismiques. Les trois structures analysées sont : une structure de trois étages de type poteaux-poutres, une structure de type poteaux-poutres avec remplissage en maçonnerie et une structure existante, l'Hôtel de ville de Grenoble qui a fait l'objet de plusieurs études dans le cadre du programme de recherche

ANR ARVISE. Pour les éléments de structure tels que les poutres, poteaux, voiles et planchers constituant les structures complètes précédentes, les modèles de comportement présentés dans ce chapitre seront adoptés en fonction de l'élément fini le plus approprié pour la modélisation de ces éléments de structure.

Ainsi, les poutres et les poteaux sont modélisés par des éléments de poutres multifibres avec une cinématique de type Timoshenko prenant en compte des effets de cisaillement au niveau des sections. Une loi unidirectionnelle de comportement en contrainte-déformation est ensuite associée à chaque fibre permettant de reproduire aisément les effets cycliques de l'excitation sismique. Les fibres de béton sont caractérisées par la loi uniaxiale "Béton_Uni" présentée dans ce chapitre. La loi de Menegotto-Pinto est adoptée pour représenter le comportement des armatures longitudinales. Dans la modélisation numérique des murs en maçonnerie, deux bielles diagonales sont utilisées pour remplacer le panneau de maçonnerie. Chaque bielle suit la loi globale nommée "Infill_Uni" qui représente le comportement des murs de remplissage (Combescure *et al.* 2000). Les voiles sont représentés par des éléments finis de type coque mince multicouches en utilisant la loi locale biaxiale "Béton_INSA" basée sur le concept de fissuration fixe et répartie. Les armatures des voiles sont introduites au sein du maillage des voiles en supposant une adhérence parfaite avec le béton en utilisant des éléments de type barre associés à la loi de Menegotto-Pinto ; les éléments de type barre coïncident alors avec les frontières des éléments finis coques pour le béton. Le comportement des voiles étant supposé principalement dans leur plan (comportement en cisaillement), les aciers sont placés dans le plan moyen des voiles. Des éléments coques simples représentent les planchers en supposant un comportement élastique.

5 Portique en béton armé SPEAR

5.1 Introduction

L'évaluation de la pertinence de la méthode d'analyse modale non linéaire découplée modifiée, désignée plus succinctement par le sigle M-UMRHA (Section 2.5), par rapport à la méthode d'analyse dynamique non linéaire, notée NLRHA, est l'objectif de ce chapitre. Le but de cette méthode est de disposer d'un modèle simplifié, capable de prédire de façon très rapide la réponse de la structure considérée, en termes de déplacements et de déplacements différentiels. La méthode M-UMRHA est appliquée sur deux types de structures : un portique de la structure SPEAR (programme de recherche européen "Seismic performance assessment and rehabilitation of existing buildings") de trois étages et deux baies, et le même portique avec remplissage en maçonnerie. La structure complète asymétrique SPEAR a été testée sous chargement pseudo-dynamique au Laboratoire ELSA ("European Laboratory for Structural Assessment") du JRC ("Joint Research Center") à Ispra et a été dimensionnée selon des codes non-parasismiques (sous gravité seule) afin qu'elle soit représentative des structures des années 60-70.

Les poutres et les poteaux sont modélisés au moyen d'éléments de poutres multifibres avec une cinématique de type Timoshenko. Les panneaux en maçonnerie sont modélisés par des bielles diagonales équivalentes qui remplacent le panneau de maçonnerie et fonctionnent uniquement en compression (Combescure *et al.* 2000). Les fibres de béton sont caractérisées par la loi uniaxiale sous chargement cyclique nommée "Béton_Uni" (Section 4.2.2), et la loi de Menegotto-Pinto (Section 4.3) est utilisée pour reproduire le comportement des fibres d'acier. La bielle diagonale de maçonnerie suit la loi globale nommée "Infill_Uni" décrite dans la Section 4.4 qui représente le comportement des murs de remplissage.

Les analyses numériques pour prédire le comportement dynamique du

113

portique sont effectuées à l'aide du code Cast3M. Pour la structure complète SPEAR, un séisme d'accélération maximale $||a|| = 1.47\,m/s^2$ a été appliqué durant le test pseudo-dynamique. Pour le portique étudié, le même accélérogramme est considéré en prenant deux niveaux d'accélération

(0.5*xPGA et PGA*). Les différentes analyses du portique avec remplissage de maçonnerie sont effectuées pour cinq niveaux d'accélération

(0,5; 1,0; 2,0; 3,0; 4,0)*xPGA*. Les résultats obtenus par la méthode simplifiée proposée (M-UMRHA) en utilisant différents systèmes non linéaires à un degré de liberté, sont comparés avec ceux issus de l'analyse non linéaire dynamique classique (NLRHA) qui constituent ici les résultats de référence. Pour évaluer le dommage produit dans le portique, la valeur de déplacement différentiel entre étages est considérée comme un indicateur de dommage. Finalement, les valeurs obtenues pour l'indicateur de dommage sont comparées aux limites données dans trois normes différentes : l'Eurocode8, FEMA-273 et HAZUS.

5.2 Description de la structure

Dans le cadre du projet européen de recherche SPEAR ("Seismic performance assessment and rehabilitation of existing buildings"), un bâtiment réel asymétrique en béton armé a été testé sous chargement pseudo-dynamique au Laboratoire ELSA du JRC, à Ispra. La structure SPEAR (Figure 5.1) se présente comme un bâtiment de type poteau-poutre de trois étages. Cette structure a été dimensionnée selon des codes non- parasismiques (sous gravité seule) afin qu'elle soit représentative des structures des années 60-70. Les principales déficiences de cette structure par rapport aux codes parasismiques modernes sont : excentricité importante du centre de masse par rapport au centre de rigidité, poteaux faibles par rapport aux poutres rigides, joints poutre-poutre désaxés par rapport aux axes des colonnes, manque d'étriers, insuffisances des détails de ferraillage, ...

La structure a été construite, sans considérer la protection vis-à-vis du séisme, sous une charge de $0.5\,KN/m^2$ de poids propre et de $2.0\,KN/m^2$ de charge d'exploitation en utilisant le code de conception appliqué en Grèce entre 1954 et 1995.

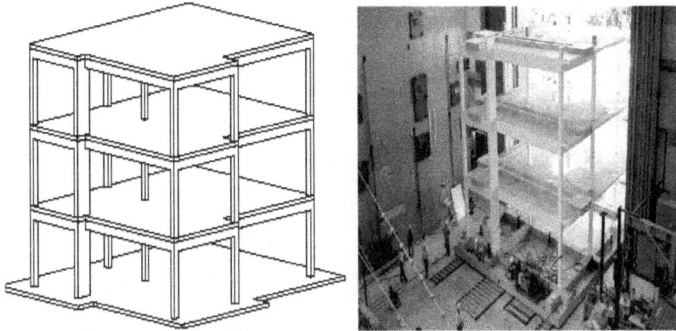

FIGURE 5.1: La structure de SPEAR

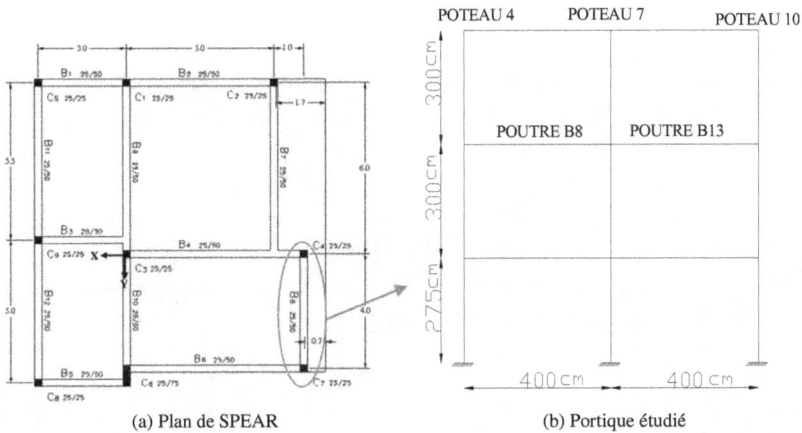

(a) Plan de SPEAR

(b) Portique étudié

FIGURE 5.2: Structure de SPEAR

Pour des raisons de simplicité, nous nous référons au portique simple de la structure SPEAR, entouré sur la Figure 5.2a, pour construire un portique de deux baies de $4\,m$ et trois étages de $3\,m$ à l'exception du premier étage de $2.75\,m$ (Figure 5.2b). La section de toutes les colonnes est de $25x25\,cm$

(Figure 5.3b). La contribution des planchers à la rigidité des poutres est considérée par la largeur efficace de section en T. La valeur 7% de la portée libre de la poutre est adoptée comme largeur efficace de chaque côté de la section de poutre (Fadris, 1994). Cette valeur se situe entre la limite prescrite par l'Eurocode 2 (1992) et la largeur recommandée pour la conception sous la gravité (Mwafy, 2001). Par ailleurs, le comportement dynamique étant principalement piloté par les dégradations subies par les poteaux, compte tenu de leur souplesse par rapport aux poutres, considérer la valeur de 10 % recommandée pour la largeur efficace des ailes de poutre n'aurait que très peu d'influence sur le comportement dynamique.

La profondeur des poutres est de 50 cm dont 15 cm correspond à l'épaisseur de la dalle (Figure 5.3a). Les barres de renforcement longitudinales et les cadres d'étriers dans la section de poutres et de poteaux sont présentés sur la Figure 5.3.

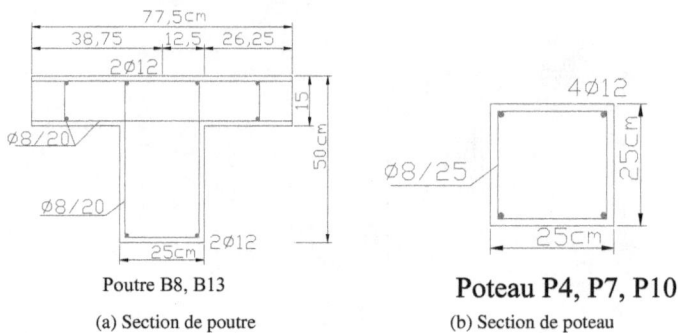

Poutre B8, B13	Poteau P4, P7, P10
(a) Section de poutre	(b) Section de poteau

FIGURE 5.3: Section des poutres et des poteaux

5.2.1 Modélisation par des poutres de Timoshenko

Les analyses numériques de comportement dynamique du portique sont effectuées à l'aide du code Cast3M qui est basé sur la méthode aux éléments finis (Millard, 1993). Les poutres et les poteaux sont modélisés au moyen d'éléments de poutres multifibres avec une cinématique de type Timoshenko. L'hypothèse cinématique de Timoshenko pour les sections des poutres et poteaux permet de mieux prendre en compte le cisaillement dans la section, comparativement aux hypothèses classiques de Navier-Bernouilli. L'hypothèse de Timoshenko est relative à la cinématique d'une section droite de poutre, ce qui entraîne que la section normale à la fibre moyenne OX reste plane après la déformation mais pas nécessairement normale à la fibre moyenne (planéité de la section avec cisaillement). L'élément poutre multifibres est basé sur la décomposition géométrique de la section en fibres. Une loi unidirectionnelle de comportement local en contrainte-déformation est ensuite associée à chaque fibre. La stratégie de la modélisation multifibre pour une poutre de Timoshenko est schématisée sur la Figure 5.4.

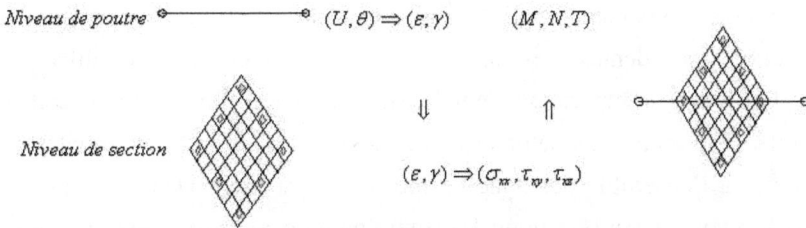

FIGURE 5.4: Modélisation du modèle à fibre

Conformément à l'hypothèse de Timoshenko relative à la cinématique de la section, les déformations axiales ε et de cisaillements γ dans une fibre i de la section sont déduites des déplacements et rotations aux nœuds de l'élément fini poutre (en fibre moyenne). Les expressions suivantes décrient les déformations dans les fibres de la section :

$$
\begin{aligned}
\varepsilon_x &= \frac{\partial u_x}{\partial x} = \frac{dU_x}{dx} + z\frac{d\Theta_y}{dx} - y\frac{d\Theta_z}{dx} \\
\varepsilon_y &= \varepsilon_z = 0 \\
\gamma_{xy} &= \frac{\partial u_x}{\partial y} + \frac{\partial u_y}{\partial x} = \frac{dU_y}{dx} - \Theta_z - z\frac{d\Theta_x}{dx} = \beta_y - z\frac{d\Theta_x}{dx} \qquad (5.1) \\
\gamma_{xy} &= \frac{\partial u_x}{\partial z} + \frac{\partial u_z}{\partial x} = \frac{dU_z}{dx} + \Theta_y + y\frac{d\Theta_x}{dx} = \beta_z + y\frac{d\Theta_x}{dx} \\
\gamma_{yz} &= 0
\end{aligned}
$$

où $(\varepsilon_x, \varepsilon_y, \varepsilon_z)$ sont les déformations axiales d'une fibre i de la section, $(\gamma_{xy}, \gamma_{xz}, \gamma_{yz})$ les déformations de cisaillement d'une fibre i de la section, $U = (U_x, U_y, U_z)$ les déplacements aux nœuds sur l'axe OX, $\Theta = (\Theta_x, \Theta_y, \Theta_z)$ les rotations aux nœuds de l'élément fini poutre, (β_y, β_z) les corrections des rotations précédentes dues aux déformations transversales de cisaillement.

Les lois de comportement non linéaires associées aux matériaux constitutifs de la section en béton armé permettent d'obtenir les contraintes relatives à l'ensemble des zones composant la section. Dans le cas où le comportement reste élastique, les contraintes aux niveaux des sections sont déduites des déformations axiale et de cisaillement par :

$$
\begin{aligned}
\sigma_x &= E.\varepsilon_x \\
\sigma_y &= \sigma_z = 0 \\
\tau_{xy} &= G.\gamma_{xy} \\
\tau_{xz} &= G.\gamma_{xz} \qquad (5.2) \\
\tau_{yz} &= 0 \\
G &= E/2(1+\upsilon)
\end{aligned}
$$

où $(\sigma_x, \sigma_y, \sigma_z)$ sont les contraintes axiales, $(\tau_{xy}, \tau_{xz}, \tau_{yz})$ sont les contraintes de cisaillement, E est le module d'Young, υ est la coefficient de poisson et G est le module de cisaillement. Les efforts nodaux sont ensuite calculés par intégration des contraintes dans la section et sur la poutre. L'élément fini utilisé ne comporte qu'une section d'intégration (fonction de forme linéaire relativement à la fibre moyenne) au milieu de l'élément fini en considérant que la déformation axiale, la courbure et la déformation de cisaillement sont constantes sur l'élément fini afin d'éviter le blocage en cisaillement.

La force axiale N_x, les forces de cisaillement (T_y, T_z), les moments de flexion (M_y, M_z) et le moment de torsion M_x de l'élément fini poutre sont déterminées par l'intégration sur la section S :

$$
\begin{aligned}
N_x &= \int_S \sigma_x dS \\
T_y &= \int_S \tau_{xy} dS \\
T_z &= \int_S \tau_{xz} dS \\
M_x &= \int_S (y\tau_{xz} - z\tau_{xy}) dS \\
M_y &= \int_S z\sigma_x dS \\
M_z &= \int_S y\sigma_x dS
\end{aligned}
\tag{5.3}
$$

Du fait de la répartition non uniforme des contraintes de cisaillement, les forces de cisaillement et le moment de torsion décrits dans le plan Oyz (repère local) sont réduits par des coefficients inférieurs ou égaux à 1, α_y et α_z selon les équations suivantes :

$$T_y = \int_s \alpha_y \tau_{xy} dS$$

$$T_z = \int_s \alpha_z \tau_{xz} dS \qquad (5.4)$$

$$M_x = \int_s (\alpha_z y \tau_{xz} - \alpha_y z \tau_{xy}) dS$$

où α_y, α_z sont les coefficients associés respectivement aux contraintes de cisaillement τ_{xy}, τ_{xz}. Conformément au principe de réduction de section résistant à l'effort tranchant, les coefficients α_y, α_z prennent la valeur de 5/6.

5.2.2 Portique sans remplissage

Considérant le portique illustré sur la Figure 5.2b avec deux baies et trois étages, les poutres et les poteaux sont modélisés par des éléments de poutres multifibres avec une cinématique de type Timoshenko. En plus de la description géométrique de la section en fibres, les lois de comportement uniaxiales pour les matériaux béton et acier doivent être précisées afin de les associer à chaque fibre. Les fibres de béton sont caractérisées par la loi uniaxiale sous chargement cyclique nommée "Béton_Uni" (Section 4.2.2), et la loi de Menegotto-Pinto (Section 4.3) est utilisée pour reproduire le comportement des fibres d'acier (armatures longitudinales). Les caractéristiques mécaniques du béton et de l'acier sont résumées respectivement dans les tableaux 5.1 et 5.2. Compte tenu du manque d'étriers au sein de la structure SPEAR, les fibres béton correspondant à l'enrobage ou à la zone intérieure de la section, sont associées à la même loi de comportement, négligeant ainsi les effets positifs du confinement sur la résistance en compression, apportés par la présence d'étriers.

TABLE 5.1: Caractéristiques du béton

Module d'élasticité	E_0	$25000\,MPa$
Coefficient de poisson	υ	0.2
Masse volumique	ρ	$2500\,Kg/m^3$
Limite en compression du béton	σ_{c0}	$26.4\,MPa$
Déformation en compression au pic	ε_{c0}	0.211%
Contrainte résiduelle après l'adoucissement en compression	σ_{pt}	$5.2\,MPa$
Pente dans la zone d'adoucissement	Z	107.91
Limite en traction au pic	σ_t	$2.1\,MPa$
Contrainte résiduelle après l'adoucissement en traction	σ_{tr}	$0.42\,MPa$
Facteur définissant l'adoucissement de traction	$r = \varepsilon_{tm}/\varepsilon_t$	20
Paramètres de fermeture souple	F_1, F_2, F_1', F_2'	1, 1, 10, 10

TABLE 5.2: Caractéristiques de l'acier

Module d'élasticité	E_a	$200000\,MPa$
Poisson ratio	υ	0.3
Masse volumique	ρ	$7800\,Kg/m^3$
Contrainte de plasticité	σ_{sy}	$474\,MPa$
Déformation de plastification	ε_{sy}	0.237%
Contrainte ultime	σ_{su}	$651.6\,MPa$
Déformation ultime	ε_{su}	28%

Les valeurs des paramètres correctifs α_y et α_z qui réduisent les efforts de cisaillement et le moment de torsion, sont de 0.833 dans toutes les analyses.

5.2.3 Portique avec remplissage

Le remplissage en maçonnerie non armée est souvent employé pour les portiques en béton armé ou en acier dans les constructions de plusieurs pays européens. Dans la plupart des cas, les panneaux en maçonnerie sont considérés comme des éléments non structuraux. Dans la pratique, l'interaction de ces panneaux avec les portiques a une influence importante sur la réponse globale de la structure. En général, la rigidité du remplissage en maçonnerie est importante ce qui signifie que la résistance du portique augmente significativement. En termes de modélisation, les panneaux en maçonnerie, qui ont un effet significatif sur la réponse globale de la structure soumise à des chargements cycliques, sont modélisés par des bielles diagonales équivalentes, fonctionnant uniquement en compression.

Afin de quantifier l'effet de l'élément de remplissage sur le comportement global du portique en béton armé soumis à des chargements sismiques, nous étudierons le portique présenté précédemment (Section 5.2.2) avec remplissage en maçonnerie. Dans la modélisation numérique des murs en maçonnerie, deux bielles diagonales sont utilisées pour remplacer le panneau de maçonnerie. Chaque bielle suit la loi globale nommée "Infill_Uni" décrite dans la Section 4.4 qui représente le comportement des murs de remplissage (Combescure *et al.* 2000). Il s'agit d'un modèle non-linéaire d'endommagement-plasticité unilatéral avec adoucissement en compression et sans résistance en traction. Les caractéristiques des bielles diagonales utilisées dans les analyses sont prises conformément aux valeurs données dans un exemple de Combescure *et al.* (2000). Les auteurs ont validé le macro-modèle pour les panneaux de remplissage en le comparant aux résultats expérimentaux pour un portique avec remplissage en maçonnerie soumis à des chargements uniforme et cyclique. Le Tableau 5.3 résume les caractéristiques mécaniques de la maçonnerie.

TABLE 5.3: Caractéristiques de la maçonnerie

Module d'élasticité	E_0	4000 MPa
Poisson ratio	υ	0.0
Masse volumique	ρ	1800 Kg/m^3
Résistance maximale en compression	f_c'	2.2 MPa
Déformation au début de la fissuration	D_{ela}	0.119‰
Déformation au début de la plastification	D_{lime}	0.539‰
Déformation axiale à la fin de plateau		5‰
Déformation axiale à la fin de l'adoucissement		15‰

5.3 Evaluation dynamique d'un portique en béton armé

5.3.1 Analyse modale

L'analyse vibratoire du portique est effectuée entre 0 et 100 Hz, ce qui donne 59 modes de vibration. Seuls les trois premiers modes de flexion dans le plan sont considérés dans les analyses de pushover. La Figure 5.5 montre les déformées du portique ainsi que la déformée modale normalisée pour chacun de ces trois modes de vibration, en ne considérant que les valeurs de déplacement sur la colonne centrale.

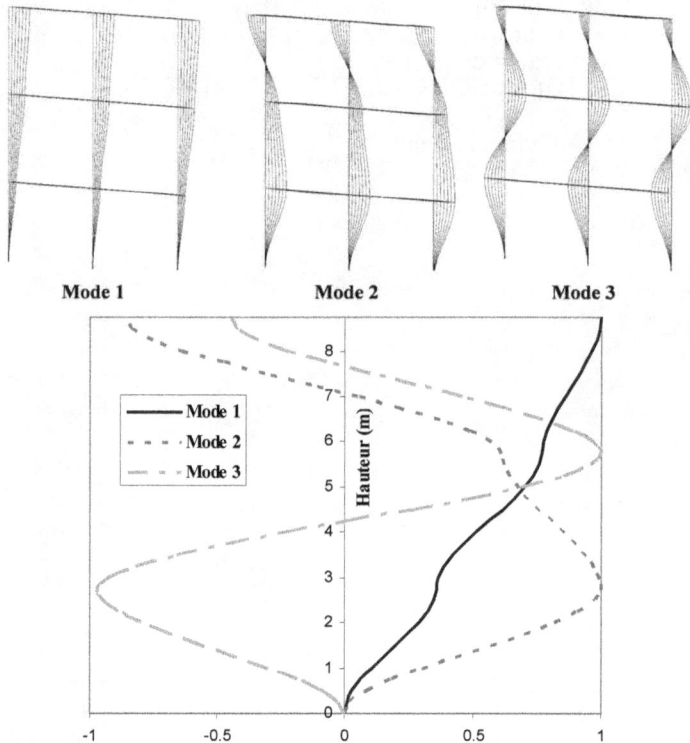

FIGURE 5.5: Les déformées de trois modes de vibration dans le plan du portique

Le Tableau 5.4 résume les fréquences et le pourcentage des masses modales effectives. La masse modale effective du premier mode est de 88%

ce qui signifie que le premier mode est largement dominant. Les déplacements de la structure seront essentiellement gouvernés par le premier mode ; les autres modes auront très peu d'influence sur les déplacements globaux.

TABLE 5.4: Modes de vibration : Fréquences et masses modales effectives

Mode	Fréquence (Hz)	Masse modale (%)		
		X	Y	Z
1	1.9784	0.0	88	0.0
2	5.5724	0.0	9.5	0.0
3	8.0369	0.0	1.5	0.0

5.3.2 Analyse dynamique non linéaire (NLRHA)

a) Hypothèses du calcul

L'analyse dynamique non linéaire du portique est effectuée en le soumettant à sa base à une accélération donnée en Figure 5.6. Le spectre en accélération exhibe un contenu fréquentiel se situant principalement dans la gamme de fréquences entre 1 Hz et 6 Hz, ce qui correspond aux deux premières fréquences propres de la structure. Ce séisme d'accélération maximale $\|a\| = 1.47\,m/s^2$ (PGA : "Peak Ground Acceleration") a été appliqué sur la structure **complète** SPEAR durant le test pseudo-dynamique dans une direction du portique ; une deuxième excitation dans l'autre direction complétait le séisme bi-directionnel appliqué à la structure complète SPEAR. Ici, nous considérons uniquement un portique dans le plan (Y, Z), encastré à sa base et soumis à une accélération selon la direction Y.

L'analyse dynamique a été effectuée en utilisant le code d'éléments finis Cast3M. L'équation de mouvement discrétisée dans le domaine spatial avec la méthode aux éléments finis, s'écrit :

$$m.\ddot{u} + c.\dot{u} + f_s(u, sign\dot{u}) = -m.i.\ddot{u}_g(t) \tag{5.5}$$

où m est la matrice de masse, c est la matrice d'amortissement visqueux et $f_s(u, sign\dot{u})$ dépendant de l'histoire des déplacements, i est le vecteur qui donne la direction de séisme $\ddot{u}_g(t)$.

L'équation précédente est directement résolue dans la base physique en adoptant un schéma d'intégration temporelle de type Newmark implicite (schéma de l'accélération moyenne). Selon ce schéma qui permet de discrétiser dans le domaine des temps l'équation du mouvement (qui devient alors discrète en espace et en temps), l'équation est écrite en début et fin de pas de temps : l'accélération en fin de pas de temps est résolue suivant un schéma itératif de type Newton. Ce schéma est implémenté dans la procédure PASAPAS de Cast3M qui permet de traiter les non linéarités matérielles et géométriques. Ici, nous nous contentons de la non-linéarité matérielle ; nous nous situons sous l'hypothèse des petites perturbations, c'est-à-dire que nous supposons la linéarité géométrique compte tenu des faibles déplacements de l'ouvrage par rapport à sa taille. Au sein des itérations de Newton, la convergence du schéma est obtenue en utilisant la matrice de rigidité élastique et non la matrice tangente du fait des difficultés de convergence inhérentes aux modèles de comportement en régime adoucissant ou décharge.

Un amortissement de type Rayleigh (Figure 5.7), proportionnel à la matrice de masse et à la matrice de raideur, est adopté en choisissant un taux d'amortissement visqueux de 0.25% afin de faciliter la convergence de l'algorithme de Newton et de filtrer les plus hautes fréquences. Cette valeur est faible par rapport aux valeurs classiquement utilisées, de l'ordre de 1 à 2%. Aucun amortissement visqueux n'avait été pris en compte au sein du test pseudo-dynamique. Nous faisons l'hypothèse que le faible taux d'amortissement adopté est conforme à l'expérience. Notons, enfin, que seul un portique est considéré dans ce cas test pour des raisons de simplicité et que nous ne cherchons pas à reproduire les résultats des essais sur une maquette asymétrique (SPEAR) sous séismes bidirectionnels.

L'amortissement de Rayleigh prend en compte deux amortissements qui sont proportionnels respectivement à la matrice de raideur k et à la matrice de masse m. La matrice d'amortissement c est donnée par :

$$c = \alpha\, m + \beta\, k \qquad (5.6)$$

Les paramètres α et β sont donnés par :

$$\begin{aligned} \alpha &= \frac{2\xi\,\omega_1\,\omega_2}{\omega_1 + \omega_2} \\ \beta &= \frac{2\xi}{\omega_1 + \omega_2} \end{aligned} \qquad (5.7)$$

où ω_1, ω_2 sont les pulsation des mode 1 et 2 respectivement. Le taux d'amortissement ξ s'exprime alors en fonction de la pulsation :

$$\xi_n = \frac{\alpha}{2\omega_n} + \frac{\beta\,\omega_n}{2} \qquad (5.8)$$

Selon Combescure (2006) l'amortissement reste pratiquement constant sur une gamme de fréquences importante, donc nous considérons un amortissement réduit ξ identique ($\xi = \xi_1 = \xi_2$) pour les deux premières fréquences afin de déterminer les paramètres dans l'équation (5.8).

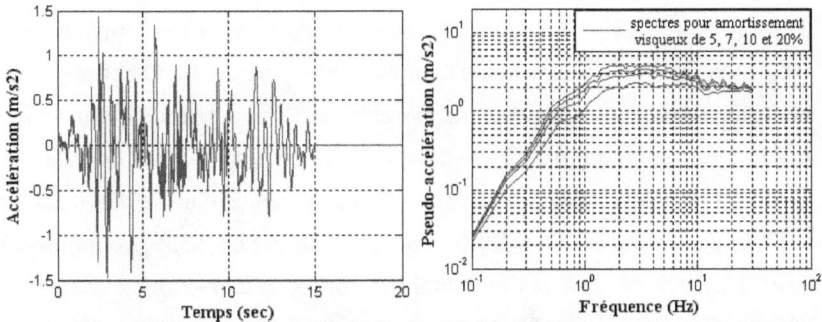

FIGURE 5.6: L'accélération et le spectre du séisme appliqué sur le portique de SPEAR

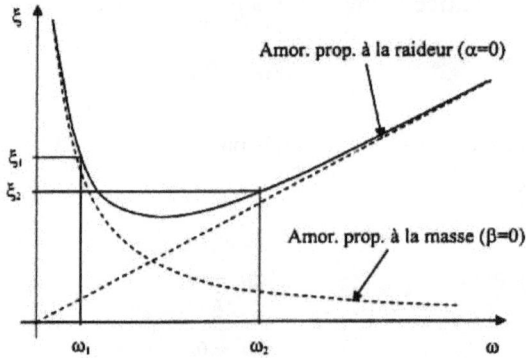

FIGURE 5.7: Evolution de l'amortissement réduit en fonction de la fréquence pour le modèle d'amortissement de Rayleigh selon Combescure (2006)

b) Résultats du calcul

En appliquant l'accélérogramme précédent avec un niveau d'accélération de $0.5xPGA$, les résultats de l'analyse dynamique du portique sous le chargement sismique nous permettent de visualiser les déformations locales des matériaux. Nous considérons ici les déformations extrêmes au cours du temps (maximale pour la traction et minimale pour la compression), caractérisant le dommage subi par le béton en compression et en traction. Sur la Figure 5.8, les niveaux de déformations maximales sont présentés en termes d'isovaleurs : par exemple, pour un élément fini poutre multifibres particulier, l'isovaleur correspond à une valeur de déformation maximale (maximum dans la section et dans le temps). Nous constatons, qu'en fin de calcul sismique, la valeur de compression dans le béton atteint 0.08% ce qui reste bien en-deçà de la valeur ultime de 0.35% couramment utilisée dans les codes de construction (Eurocode 2, 1992). Le niveau de déformation en traction dans le béton atteint 0.45%, ce qui montre qu'il peut y avoir fissuration de quelques fibres de béton.

Sur la Figure 5.8c, les déformations maximales de l'acier correspondant à un pic de déplacement sont montrées. Constatons que la valeur maximale atteignant 0.4% dépasse la limite de plastification de 0.24% ce qui indique

que les aciers ont plastifié, mais le dommage des aciers reste assez faible par rapport à la déformation ultime qui est égale à 28%.

Nous constatons que les déformations sont concentrées dans les poteaux ce qui montre que le portique est bien de type de "poutre forte – poteau faible".

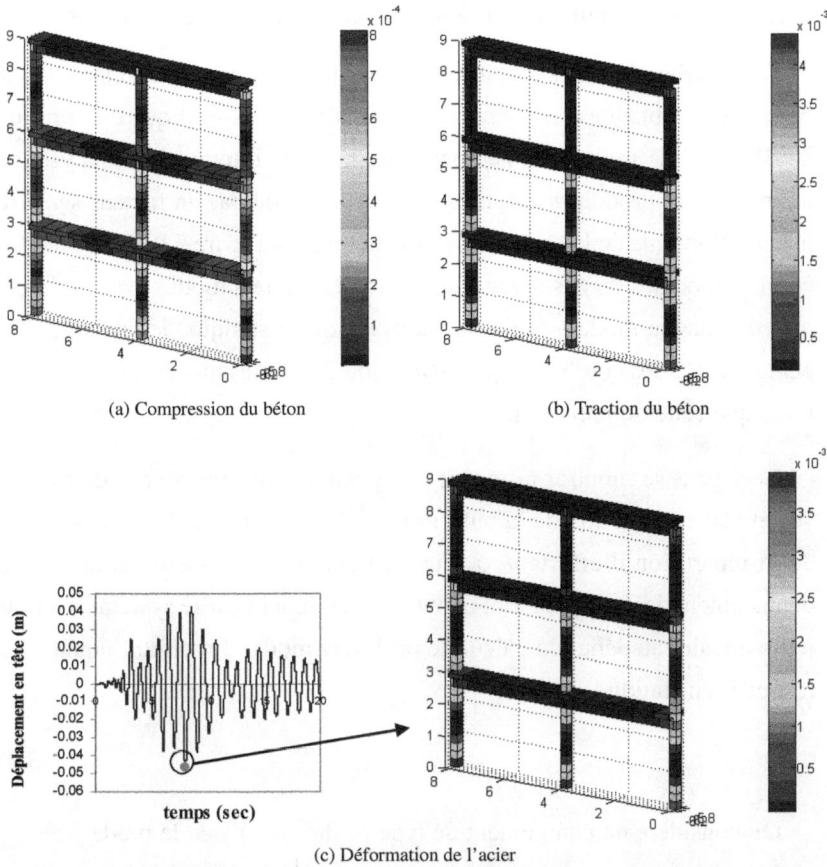

(a) Compression du béton

(b) Traction du béton

(c) Déformation de l'acier

FIGURE 5.8: Déformations des matériaux du portique

Par la suite, les résultats globaux issus de l'analyse dynamique non linéaire exprimés en termes de déplacements et de déplacements relatifs entre étages, seront utilisés afin de valider la méthode d'analyse modale non linéaire découplée modifiée (M-UMRHA). Les résultats globaux issus de l'analyse dynamique non linéaire constituent les résultats de référence et seront donnés dans la suite lors des comparaisons avec la méthode M-UMRHA.

5.3.3 Analyse modale non linéaire découplée modifiée (M-UMRHA)

Les courbes modales de pushover pour les trois premiers modes de vibration sont obtenues en effectuant une analyse quasi-statique du portique de SPEAR. La répartition géométrique d'efforts durant cette analyse est donnée par le produit $m\phi_n$ qui est ensuite amplifié par un facteur scalaire jusqu'à l'atteinte de la capacité de la structure. La Figure 5.9 représente les courbes modales de pushover pour les trois premiers modes avec la déformée de chaque mode à la fin de l'analyse quasi-statique de pushover. La pente initiale des courbes de pushover modal pour les modes 2 et 3 est plus raide que celle du premier mode.

Ceci peut se montrer aisément : la pente de chaque courbe de pushover modal est fonction de la pulsation modale (Section 2.4) ; l'application de la répartition d'efforts $m.\phi_n$ durant l'analyse quasi-statique donne un déplacement de ϕ_n/ω_n^2 en tout début de chargement car le système est toujours linéaire au début du calcul de pushover modal. En effet, l'équation à résoudre en statique s'écrit :

$$F_{ext} = F_{int} \qquad (5.9)$$

On considère un chargement de type pushover suivant le mode 1 :

$$F_{ext} = \alpha\, m\, \phi_n \qquad (5.10)$$

avec un coefficient multiplicateur α qui est suffisamment faible pour que la structure reste linéaire.

L'équation statique (5.9) s'exprime alors par :

$$ku = \alpha\, m\, \phi_n \qquad (5.11)$$

u étant l'inconnue.

Or, par définition de la déformée modale ϕ_n, on a :

$$k\, \phi_n = \omega_n^2\, m\, \phi \qquad (5.12)$$

D'où la réponse statique u solution de l'équation (5.11) :

$$u = \alpha\, \frac{\phi_n}{\omega_n^2} \qquad (5.13)$$

La force à la base de la courbe de pushover modal en tout début de chargement est donnée par :

$$V_{bn} = k\, u\, 1_x \qquad (5.14)$$

En effet, la force à la base de la structure est égale à la somme des forces aux planchers, le vecteur 1_x donnant la direction du séisme (toutes les composantes sont nulles, à l'exception des degrés de liberté de translation dans la direction du séisme).

En substituant les équations 5.12 et 5.13 dans l'équation 5.14, on trouve :

$$
\begin{aligned}
V_{bn} &= k\, \frac{\phi_n}{\omega_n^2}\, 1_x \\
V_{bn} &= \omega_n^2\, m\, \frac{\phi_n}{\omega_n^2}\, 1_x \\
V_{bn} &= \phi_n^T\, m\, 1_x = L_n
\end{aligned}
\qquad (5.15)
$$

La transformation suivante permet de passer du système complet à plusieurs degrés de liberté à un système à un degré de liberté :

$$\frac{F_{sny}}{L_n} = \frac{V_{bn}}{M_n^*}, \qquad D_n = \frac{u_{n,r}}{\Gamma_n \cdot \phi_{n,r}} \qquad (5.16)$$

131

La pente sécante du système à un degré de liberté s'obtient par :

$$\frac{F_{sn}}{L_n}/D_n = \omega_n^2 \tag{5.17}$$

En conclusion, la pente initiale de la courbe de pushover modal selon le mode n est égale à la pulsation du mode n au carré.

Il est donc normal de trouver que la pente initiale des courbes de pushover pour les modes 2 et 3 est plus raide que celle du premier mode car la pulsation des modes 2 et 3 est plus importante que la pulsation du premier mode.

Le premier mode contribue essentiellement à la réponse globale de la structure (masse modale effective de 88%). Les modes 2 et 3 ont une influence assez faible sur la réponse globale et nous constatons sur la Figure 5.9 que les pushover en mode 2 et 3 entrainent des mécanismes de ruine de type "étage souple" (phénomène de "Soft Story" dans la littérature) localisé au dernier étage ou au deuxième étage. Le pushover modal selon le mode fondamental exhibe de façon classique une ruine au rez-de-chaussée. Pour une valeur donnée de la force à la base du portique, nous trouvons que le comportement en termes de déplacements est principalement dominé par le premier mode qui est plus flexible par rapport aux modes rigides 2 et 3.

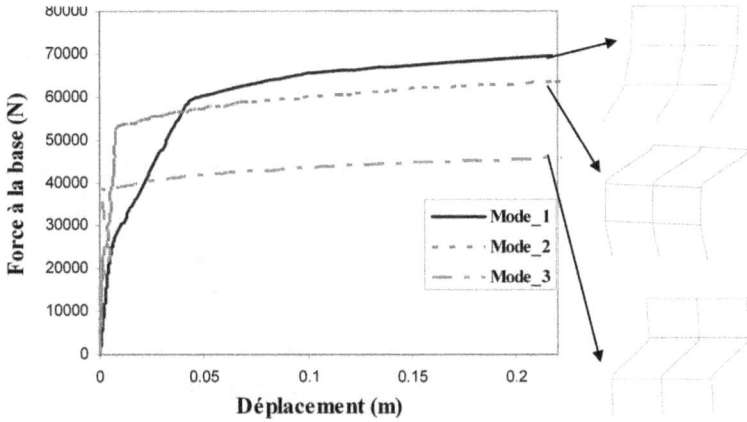

FIGURE 5.9: Courbe de pushover pour les trois premiers modes avec la déformée modale à la fin de l'analyse quasi-statique

Au cours de l'analyse modale non linéaire découplée modifiée, désignée par le sigle M-UMRHA, quatre modèles globaux hystérétiques à un degré de liberté sont envisagés. Ceux-ci sont obtenus grâce à l'idéalisation de la courbe de pushover. De même, le modèle global à fréquence dégradée est issu du calcul de pushover. Ces modèles globaux sont utilisés pour reproduire le comportement non linéaire de systèmes à un degré de liberté sous chargement sismique ; les réponses temporelles de ces systèmes sont ensuite combinées, de façon analogue à un calcul dynamique linéaire sur une base de modes de vibration, pour obtenir la réponse totale du système.

Pour l'ensemble des modèles à un degré de liberté non linéaire proposés, un taux d'amortissement visqueux ξ_n doit être adopté. Les quatre modèles élasto-plastiques fournissent un amortissement supplémentaire de nature hystérétique. Pour ces quatre modèles, nous prenons un taux d'amortissement visqueux faible égal à 0.25%. Notons que, outre l'amortissement visqueux, l'amortissement hystérétique évolue au cours du temps selon le degré de plastification du modèle. Pour le modèle global à fréquence dégradée, l'amortissement est uniquement de nature visqueuse puisque la décharge et recharge du modèle s'effectue suivant une raideur sécante ; un taux d'amortissement de 3% est alors adopté.

5.3.4 Comparaison des résultats globaux sous deux niveaux d'accélération de séisme

Deux niveaux d'accélération ($0.5xPGA$ et PGA) sont appliqués sur le portique SPEAR pour valider la procédure M-UMRHA par rapport aux résultats de référence de l'analyse dynamique non linéaire NLRHA. Les comparaisons de l'histoire des déplacements, des déplacements maximaux à chaque étage et des déplacements relatifs entre étages sont présentées en utilisant les cinq approches de systèmes non linéaires à un degré de liberté : le modèle élasto-plastique proposé par Chopra *et al.* (2001), les deux modèles élasto-plastiques avec des courbes enveloppes différentes, le modèle hystérétique modifié de Takeda et le modèle avec une fréquence dégradée.

En appliquant l'accélération d'un niveau de $0.5xPGA$, la Figure 5.10 montre l'histoire des déplacements en tête du portique obtenue en combinant les réponses modales de trois modes de vibration.

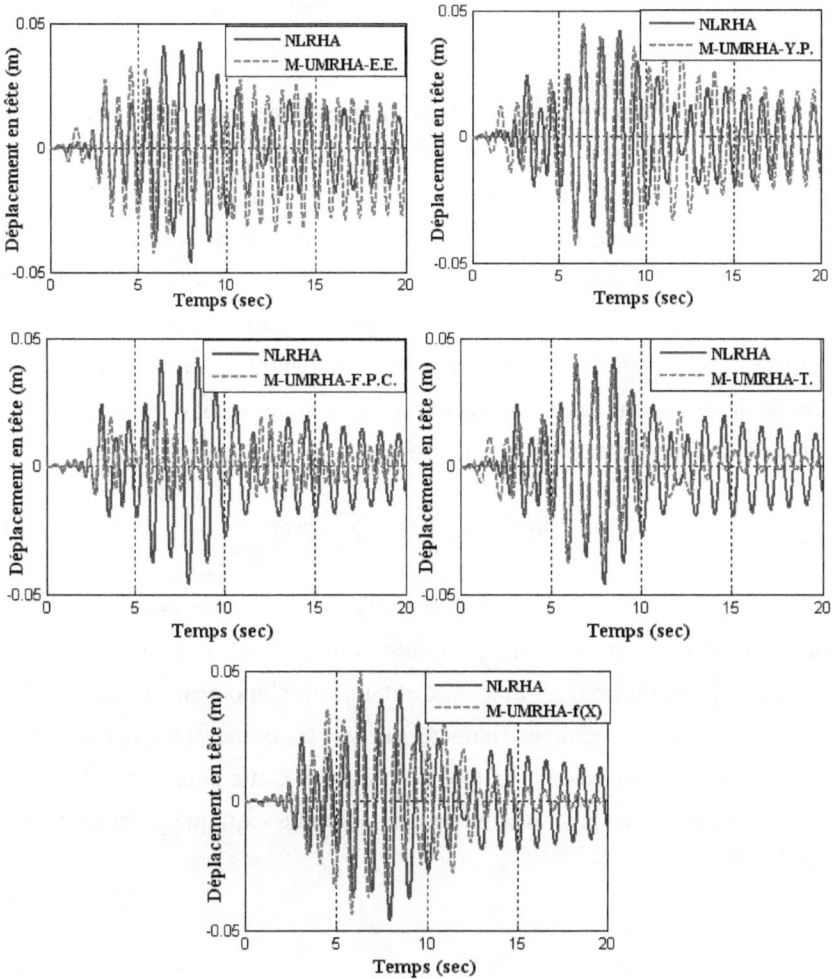

FIGURE 5.10: Comparaison de l'histoire des déplacements entre la procédure NLRHA *vs* la procédure M-UMRHA en utilisant cinq approches de système NLSDF

On constate que la procédure M-UMRHA avec le modèle à fréquence dégradée $f(X)$ donne une bonne corrélation avec la procédure NLRHA aux niveaux des valeurs maximales ainsi qu'aux niveaux des pics ; les périodes de vibration sont de plus bien reproduites. Cette modélisation simplifiée est donc à même de reproduire le comportement dynamique non linéaire de la structure portique considérée.

Il est important de noter que la combinaison des réponses modales du portique est effectuée en considérant le premier mode comme "non linéaire" dans le sens où l'histoire du déplacement est déduite d'un système non linéaire à 1ddl, tandis que les déplacements en temps des modes 2 et 3 sont calculés à l'aide d'un oscillateur linéaire. Les courbes de pushover modal pour les modes 2 et 3, données dans la Figure 5.9, ne sont donc pas utilisées, la structure se comportant essentiellement suivant son premier mode de vibration. Le déplacement total s'écrit alors comme la somme de contributions non linéaires et linéaires :

$$u(t) = u_1^{NL}(t) + \sum_{n=2}^{3} u_n^L(t) \qquad (5.18)$$

La Figure 5.11 montre la dégradation de la fréquence associée au système non linéaire à un degré de liberté pour le mode 1. La réponse temporelle $u_1^{NL}(t)$ du premier mode est obtenue en s'appuyant sur la description de la chute de fréquence caractérisée par la courbe $f(X)$, le paramètre X étant ici le déplacement en tête du portique. Cette courbe $f(X)$ est directement issue du pushover en mode 1 comme expliqué précédemment (2.5.2.2).

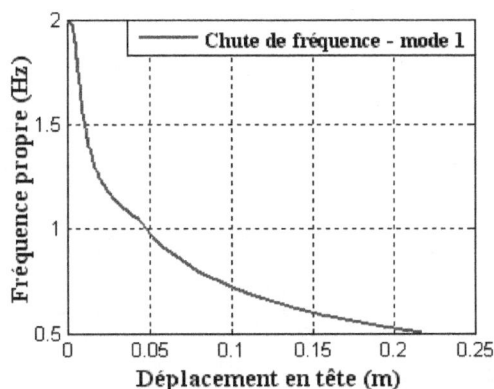

FIGURE 5.11: Dégradation de fréquence du premier mode en fonction du déplacement en tête

Sur les Figures 5.12 et 5.13, les valeurs maximales des déplacements et des déplacements différentiels à chaque étage obtenus par la procédure simplifiée M-UMRHA en utilisant les cinq systèmes non linéaires à un degré de liberté, sont comparés aux résultats de référence issus d'une analyse transitoire non linéaire (procédure NLRHA) pour les deux niveaux de *PGA*. Les résultats sont globalement satisfaisants et valident le modèle à fréquence dégradée $f(X)$, avec une surestimation légère de ces valeurs au troisième étage, pour reproduire le mouvement global du portique.

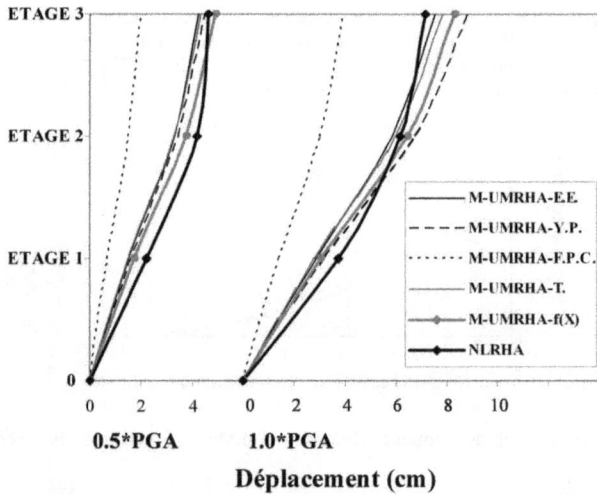

FIGURE 5.12: Comparaison de déplacements des étages entre la procédure NLRHA *vs* la procédure M-UMRHA en utilisant cinq approches de système NLSDF

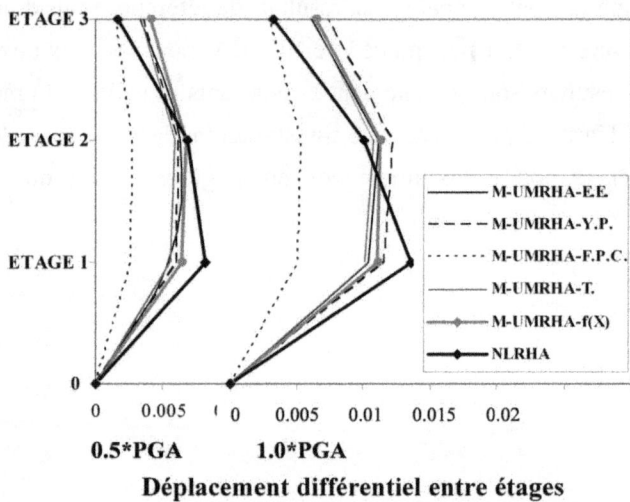

FIGURE 5.13: Comparaison de déplacements différentiels entre étages entre la procédure NLRHA *vs* la procédure M-UMRHA en utilisant cinq approches de système NLSDF

Les erreurs d'évaluation des déplacements entre la procédure proposée M-UMRHA en utilisant le modèle à fréquence dégradée $f(X)$ et l'analyse dynamique non linéaire sont de 6% à 21% et de 3% à 18%, pour les deux niveaux de *PGA* respectivement. Ces valeurs d'erreurs qui sont assez satisfaisantes, rendent la méthode M-UMRHA acceptable pour évaluer la réponse dynamique d'une structure soumise à un séisme. Il est important de souligner que la méthode simplifiée, désignée par le sigle M-UMRHA, permet des réductions drastiques de temps de calcul par rapport à une analyse transitoire non linéaire. Plus précisément, une fois la courbe de pushover modal obtenue, la réponse dynamique en termes des déplacements et des déplacements différentiels entre étages à une accélération peut être évaluée en moins d'une minute seulement en utilisant le modèle à fréquence dégradée $f(X)$.

5.3.5 Effet de l'évolution des déformées modales

Les résultats globaux obtenus précédemment par l'analyse modale non linéaire découplée modifiée M-UMRHA supposent des modes de vibration inchangés au cours de la sollicitation sismique, bien que nous sommes clairement dans le domaine non linéaire. Dans cette section, cette dégradation des modes de vibration au cours de l'endommagement de la structure, présentée dans la Section (2.5.4), est prise en compte de façon simplifiée à travers le calcul de pushover modal. En effet, lorsque la structure élastique est soumise à un chargement modal de type matrice de masse multipliée par un mode de vibration d'ordre n, la déformée élastique obtenue correspond exactement au mode de vibration d'ordre n. Autrement dit, en début de pushover modal, la déformée coïncide avec le mode de vibration. Au fur et à mesure que les endommagements progressent au sein de la structure soumise au chargement de pushover modal, la déformée s'éloigne du mode de vibration. Cet effet de dégradation est pris en compte par la suite dans le calcul de la réponse dynamique de la structure par la méthode simplifiée

M-UMRHA. Nous évaluerons l'amélioration apportée par la dégradation de la forme des modes en fonction du dommage sur les résultats globaux en termes de déplacements et déplacements différentiels.

Dans la suite, trois approches différentes sont considérées en investiguant pour le premier mode de vibration les cas où :

- le premier mode de vibration est non dégradé, c'est-à-dire correspondant à la déformée modale issue de l'analyse modale et est conservée sans modification quels que soient les niveaux de déplacements obtenus au cours de la simulation par la méthode simplifiée M-UMRHA.
- le premier mode est dégradé au cours de la simulation en pilotant sa dégradation par rapport à un indicateur de dommage. Ici, on prendra le déplacement maximum en tête comme indicateur de dommage.
- Le premier mode est dégradé au cours de la simulation, de même que les facteurs de participation modales qui interviennent dans l'expression du déplacement total, qui prend la forme d'une somme des contributions modales.

Dans le cas où le premier mode de vibration est considéré inchangé au cours de la procédure simplifiée M-UMRHA, le déplacement total prend la forme d'une combinaison entre la contribution du premier mode dit "non linéaire" (dans le sens où l'histoire du déplacement est déduite d'un système non linéaire à 1ddl) avec les contributions des modes classiques linéaires suivant les modes 2 et 3 (réponse temporelle issue donnée par la réponse d'un oscillateur linéaire). Le déplacement total s'écrit :

$$u(t) = \Gamma_1.\phi_1.D_1^{NL}(t) + \sum_{n=2}^{3} \Gamma_n.\phi_n.D_n^{L}(t) \qquad (5.19)$$

Dans le deuxième cas, la déformée modale dégradée est exprimée en fonction d'un indicateur de dommage X. La forme du premier mode dégradé, noté $\phi_n'(X)$, est substituée dans l'expression précédente au mode de vibration classique ϕ_n obtenu par l'analyse modale. Le déplacement total prend alors la forme suivante :

$$u(t) = \Gamma_1.\phi_1'[X(t)].D_1^{NL}(t) + \sum_{n=2}^{3} \Gamma_n.\phi_n.D_n^L(t) \qquad (5.20)$$

où $\phi_1'[X(t)]$ est la déformée modale qui se dégrade au cours du temps en fonction de la valeur maximale de déplacement en tête au cours de l'histoire : $X(t_n) = max|u(t_n)|$.

Les déformées du portique au début et à la fin du chargement quasi-statique ainsi que la dégradation de la déformée modale normalisée du premier mode de vibration durant le chargement quasi-statique sont illustrées sur la Figure 5.14. Nous constatons que la forme est clairement modifiée au fur et à mesure de l'apparition des dommages. La première déformée correspond au mode de vibration issu de l'analyse modale. La dernière déformée exhibe un mécanisme d'étage souple localisé au rez-de-chaussée.

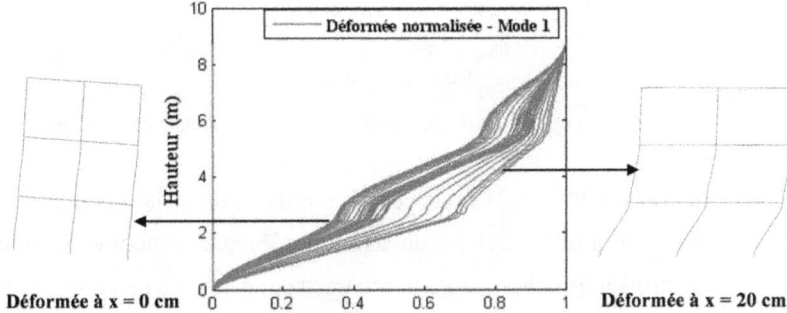

FIGURE 5.14: La dégradation de la déformée modale et les déformées du portique

Enfin, la dernière combinaison des contributions modale considère la dégradation de la déformée modale et du facteur de participation modale $\Gamma_1'[X(t)]$ du premier mode. Le déplacement total devient alors :

$$u(t) = \Gamma_1'[X(t)].\phi_1'[X(t)].D_1^{NL}(t) + \sum_{n=2}^{3} \Gamma_n.\phi_n.D_n^L(t) \qquad (5.21)$$

La Figure 5.15 montre la dégradation du facteur de participation modale $\Gamma'_1[X(t)]$ pendant le chargement quasi-statique du premier mode de vibration. Nous observons que le facteur de participation modale est globalement décroissant lorsque les endommagements progressent au sein de la structure. Toutefois, une croissance ponctuelle est exhibée pour un déplacement en tête de 5 cm. Dans la suite, on continuera de parler de la dégradation du facteur de participation modale.

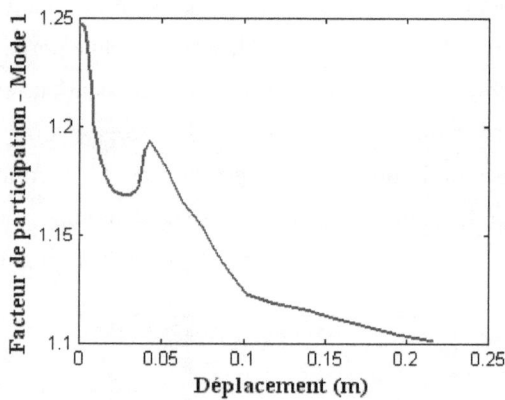

FIGURE 5.15: La dégradation du facteur de participation modale du portique

Les équations 5.20 et 5.21 nous permettent de calculer la réponse de la structure soumise à une accélération sismique. Pour la structure portique SPEAR, ces trois approches seront comparées dans la suite en considérant le modèle à 1 degré de liberté à fréquence dégradée qui nous a donné dans la section précédente les résultats les plus probants. Notons que les approches de calcul de recombinaison modale décrites par les équations 5.20 et 5.21 peuvent aussi bien s'appliquer aux autres modèles globaux de type hystérétique présentés dans la Section (2.5.2.1) : il suffit que calculer pour chaque instant t_n le déplacement en tête de la structure maximum au cours de l'histoire de la réponse $X(t_n) = max|u(t_n)|$ qui pilote la dégradation de la déformée modale et des facteurs de participation modales.

La comparaison des déplacements en tête du portique obtenus en combinant les réponses modales de trois modes suivant les formules 5.19, 5.20 et 5.21 avec le déplacement issu de l'analyse dynamique non linéaire NL-RHA est illustrée sur la Figure 5.16. Nous constatons que la prise en compte de la dégradation de la déformée modale n'influe en rien la valeur de déplacement en tête. En effet, la dégradation de déformée modale permet de changer la forme du mode mais la valeur de la déformée (non dégradée ou dégradée) reste égale à 1 en tête. Par contre, la prise en compte de l'évolution du facteur de participation modale modifie la réponse en tête, comme cela est souligné sur la Figure 5.16. Nous pouvons noter une très légère amélioration des résultats pour le premier niveau d'accélération $(0.5xPGA)$, si l'on considère à la fois la dégradation de déformée modale et l'évolution du facteur de participation modale.

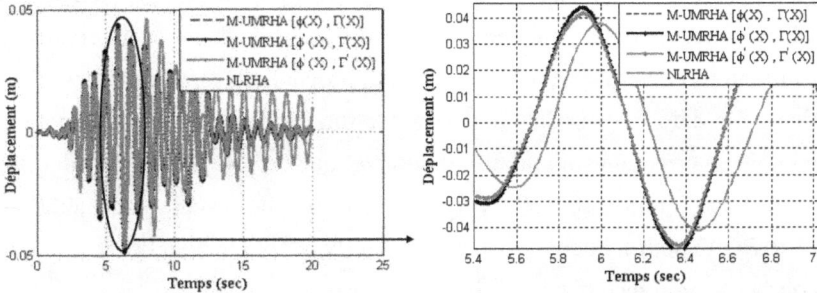

FIGURE 5.16: Comparaison de déplacement en tête du portique entre la procédure NL-RHA *vs* la procédure M-UMRHA en considérant la dégradation de la déformée modale et l'évolution du facteur de participation modale

Sur les Figures 5.17 et 5.18, les déplacements à chaque étage et les déplacements différentiels entre étages obtenus en combinant les réponses modales de trois modes suivant les formules 5.19, 5.20 et 5.21 sont comparés avec ceux issus de l'analyse dynamique non linéaire NLRHA pour deux niveaux d'accélération.

Nous trouvons que la prise en compte de la dégradation de la déformée modale $\phi'_1(X)$ ainsi que celle du facteur de participation $\Gamma'_1[X(t)]$ amé-liore globalement les déplacements et les déplacements différentiels entre étages, en particulier pour le premier niveau d'accélération ($0.5xPGA$). En effet, pour ce premier niveau d'accélération, la courbe de dépacements maximaux, avec modes et facteurs de participation dégradés, est très proche de la courbe de référence (NLRHA). Pour le second niveau d'excitation, la courbe de déplacements maximaux (en noir) avec prise en compte de la dégration de la déformée modale s'éloigne de la courbe de référence (en rouge) par rapport au calcul sans dégradation de la déformée modale (courbe en bleue). Néanmoins, il est important de noter que la forme de courbe prédite est la plus en adéquation avec la courbe de référence que la première courbe (en bleue) relative au cas sans dégradation de la déformée modale. Notons que pour ces deux approches, le déplacement en tête, qui joue le rôle de l'indicateur de dommage X, reste le même : les facteurs de participation modales sont identiques, seule la forme du mode est changée. Enfin, nous constatons que la troisième approche, qui combine la dégrada-tion de la déformée modale et la dégradation des facteurs de participation modales, permet une amélioration notable, que ce soit pour le premier ni-veau d'accélération ($0.5xPGA$) que pour le second niveau d'accélération ($1.0xPGA$) pour lequel la forme de la courbe s'apparente à la forme de la courbe de référence (Figure 5.17b).

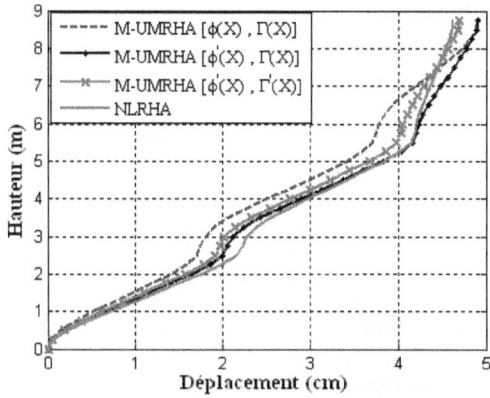

(a) 0.5xPGA

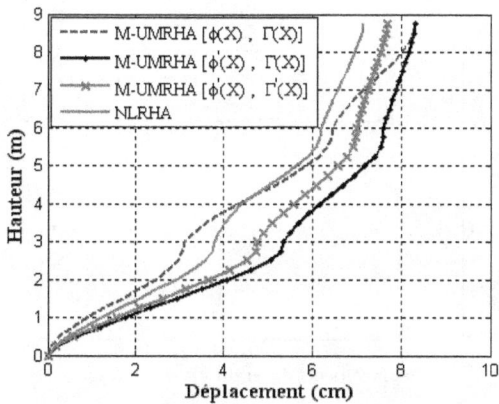

(b) 1.0xPGA

FIGURE 5.17: Déplacements du portique entre la procédure NLRHA *vs* la procédure M-UMRHA en considérant la dégradation de la déformée modale et l'évolution du facteur de participation modale

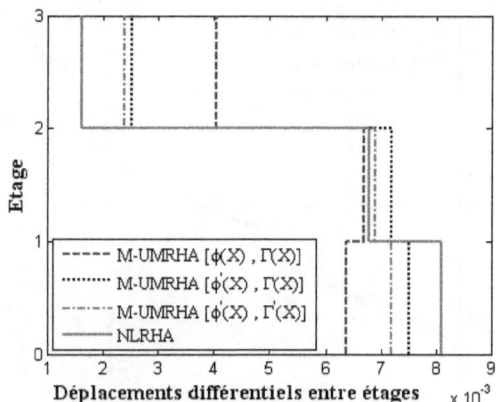

(a) 0.5xPGA

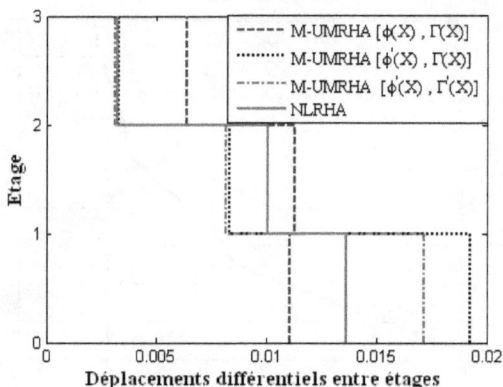

(b) 1.0xPGA

FIGURE 5.18: Déplacements différentiels entre étages du portique entre la procédure NL-RHA *vs* la procédure M-UMRHA en considérant la dégradation de la déformée modale et l'évolution du facteur de participation modale

Afin d'évaluer la pertinence des trois approches, les erreurs sur les valeurs de déplacements des étages, sont présentées sur la Figure 5.19. Pour le premier niveau d'accélération ($0.5xPGA$), la réponse modale du premier mode qui considère la dégradation de la déformée modale donne des erreurs acceptables variant de 0.5 à 7%. Par contre, pour le deuxième niveau d'accélération ($1.0xPGA$), la réponse selon le mode évolutif est moins satisfaisante car il n'améliore pas l'estimation des déplacements des étages (Figure 5.19b). Comme cela a été souligné précédemment, il faut noter que, bien que l'erreur soit plus grande, la forme de la courbe des déplacements maximaux (Figure 5.17) est plus pertinente que celle prédite par l'approche sans dégradation de la déformée modale et du facteur de participation modale.

La Figure 5.20 montre les erreurs d'estimation des déplacements différentiels entre étages.

En ce qui concerne les déplacements différentiels entre étages, la prise en compte de la dégradation de déformée modale et du facteur de participation modale permet de diminuer significativement les erreurs pour les deux niveaux d'accélération appliquées.

En résumé, la prédiction de la réponse dynamique non linéaire du portique SPEAR par la méthode d'analyse modale non linéaire découplée modifiée, désignée par le sigle M-UMRHA, est nettement améliorée lorsque l'on prend en compte la dégradation des modes au cours du temps et celle des facteurs de participation modales.

Il est intéressant de remarquer que les deux approches investiguées dans cette section généralisent le modèle à 1 ddl à fréquence dégradé. En effet, la réponse temporelle du modèle à 1 ddl est pilotée par un indicateur de dommage, que nous avons choisi comme étant le déplacement maximum en tête. Ainsi, la fréquence de l'oscillateur chutait en fonction de l'indicateur de dommage global. A présent, la variante proposée consiste également à dégrader les modes et les facteurs de participation modales en fonction de ce même dommage global.

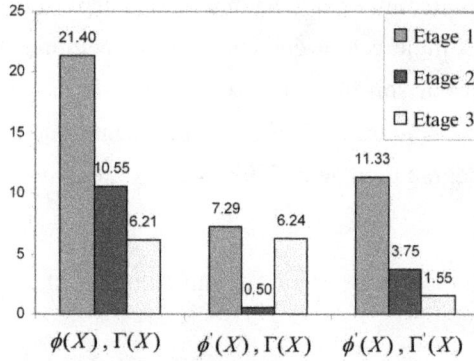

(a) $0.5xPGA$

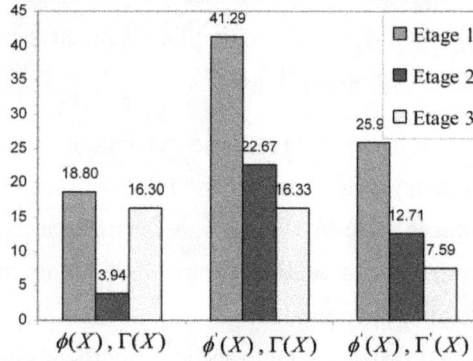

(b) $1.0xPGA$

FIGURE 5.19: Erreurs de déplacements du portique en utilisant la procédure M-UMRHA avec la prise en compte de la dégradation de la déformée modale et de l'évolution du facteur de participation modale

148

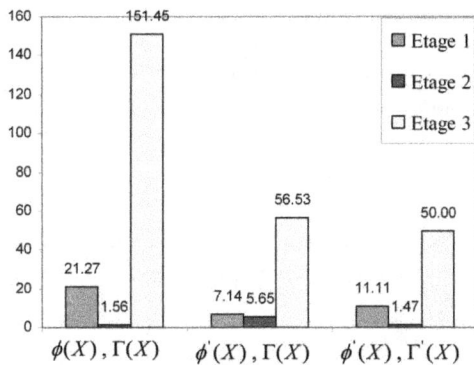

(a) 0.5x*PGA*

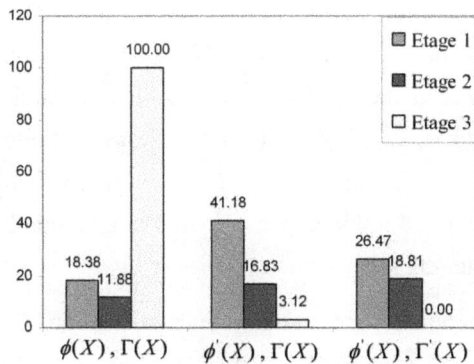

(b) 1.0x*PGA*

FIGURE 5.20: Erreurs de déplacements différentiels entre étages du portique en utilisant la procédure M-UMRHA avec la prise en compte de la dégradation de la déformée modale et de l'évolution du facteur de participation modale

5.3.6 Evaluation du dommage

Afin d'évaluer le dommage produit dans le portique, la valeur de déplacement différentiel entre étages est considérée comme un indicateur de dommage quantitatif pour caractériser le dommage. Ainsi, nous allons comparer les déplacements différentiels entre étages par rapport aux limites données dans trois normes différentes : l'Eurocode 8, FEMA-273 et HAZUS. Chaque norme définit différents niveaux de dommage pour plusieurs types de structures.

Pour le premier niveau d'accélération ($0.5xPGA$), les trois normes donnent le même niveau de dommage en utilisant les résultats de l'analyse modale non linéaire découplée modifiée M-UMRHA avec le modèle $f(X)$ ou les résultats issus de la méthode de référence (analyse dynamique non linéaire, NLRHA) pour les trois étages. Par contre, nous constatons que, pour le deuxième niveau d'accélération ($1.0xPGA$), la méthode M-UMRHA surestime légèrement le dommage par rapport à la méthode NLRHA, en particulier au premier étage.

TABLE 5.5: Niveaux de dommage du protique pour deux niveaux d'accélération en utilisant trois normes

Etage	Drift		$0.5xPGA$						
			EC8		HAZUS		FEMA	
	NLRHA	M-UMRHA	NLRHA	M-UMRHA	NLRHA	M-UMRHA	NLRHA	M-UMRHA
1	0.0081	0.0072	Non	Non	Modéré	Modéré	Non	Non
2	0.0068	0.0069	Non	Non	Modéré	Modéré	Non	Non
3	0.0016	0.0024	Non	Non	Non	Non	Non	Non
Etage	Drift		$1.0xPGA$						
			EC8		HAZUS		FEMA	
	NLRHA	M-UMRHA	NLRHA	M-UMRHA	NLRHA	M-UMRHA	NLRHA	M-UMRHA
1	0.0136	0.0172	Non	Oui	Modéré	Important	LS	LS
2	0.0101	0.0082	Non	Non	Modéré	Modéré	LS	Non
3	0.0032	0.0032	Non	Non	Non	Non	Non	Non

En observant les résultats des trois normes pour les deux niveaux de

PGA (Tableau 5.5), nous trouvons que la norme HAZUS est plus conservative que les autres normes pour identifier le niveau de dommage. Le Tableau 5.6 décrit les différents états de dégradation donnés par la norme HAZUS un degré de dommage.

TABLE 5.6: Degré de dommage selon HAZUS (2003) pour un portique en béton armé

Degré de dommage	Limite de déplacement relatif entre étages (ID)	Niveau de dommage
0	$ID < 0.0040$	Aucun dégât
1	$0.0040 \leq ID < 0.0064$	Léger
2	$0.0064 \leq ID < 0.016$	Modéré
3	$0.016 \leq ID < 0.04$	Important
4	$ID > 0.04$	ruine

La Figure 5.21 représente le degré de dommage selon la norme HAZUS en comparant l'analyse modale non linéaire découplée modifiée M-UMRHA avec le modèle $f(X)$ et la méthode d'analyse dynamique non linéaire (NLRHA) pour les deux niveaux de *PGA*. Les comparaisons indiquent que le modèle à fréquence dégradée $f(X)$ est pertinent pour l'évaluation de l'endommagement subi par le portique, en particulier pour le premier niveau de *PGA* où les deux courbes sont confondues.

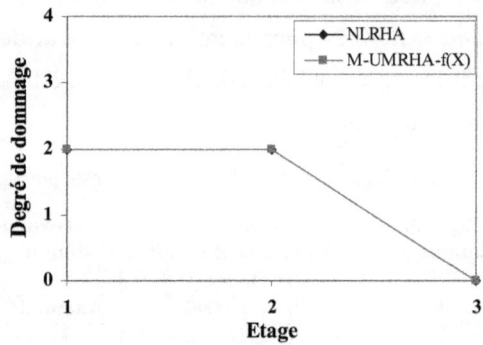

(a) 0.5xPGA

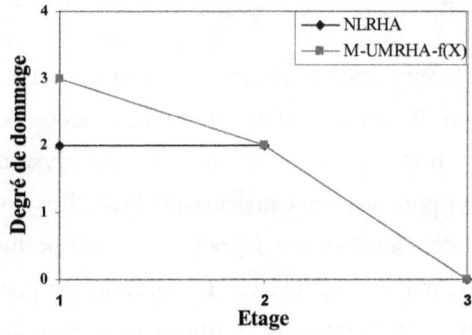

(b) 1.0xPGA

FIGURE 5.21: Degré de dommage selon la norme HAZUS pour deux niveaux de *PGA*

5.4 Evaluation dynamique d'un portique en béton armé avec remplissage

L'objectif de ce travail est de montrer que la procédure proposée d'analyse modale non linéaire découplée modifiée (M-UMRHA) peut fournir des évaluations fiables de la réponse globale pour différents types de structures sous chargement sismique. Pour cette raison, après avoir validé la procédure sur un portique en béton armé, nous allons nous intéresser à l'analyse du même portique en ajoutant des murs de remplissage en maçonnerie. Dans la modélisation numérique, le panneau de maçonnerie est remplacé par deux bielles diagonales qui suivent la loi globale de Combescure *et al.* (2000) dénommée "Infill_Uni" dans le code Cast3M.

5.4.1 Analyse modale

De même que le portique sans remplissage, nous allons considérer que les trois premiers modes de vibration dans l'analyse modale non linéaire découplée modifiée (M-UMRHA) afin d'évaluer la réponse globale du portique en termes de déplacements et de déplacements différentiels entre étages. Les déformées modales normalisées de ces trois modes (modes dans le plan de portique) sont illustrées sur la Figure 5.22.

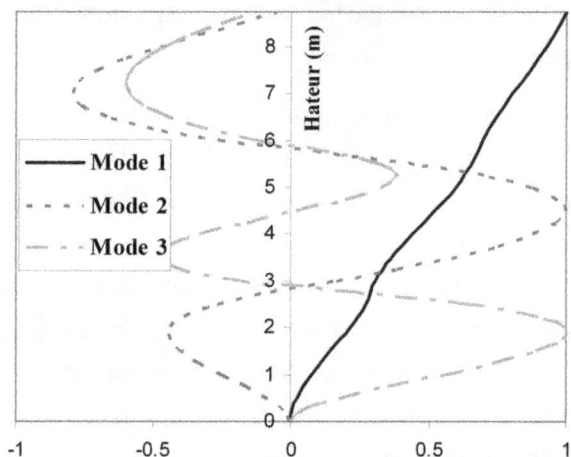

FIGURE 5.22: Déformées modales normalisées dans le plan pour le portique avec remplissage en maçonnerie

Les fréquences et les pourcentages des masses modales effectives sont présentés dans le Tableau 5.7. La masse modale effective, donnée en pourcentage, exprime l'importance du mode considéré sur la réponse globale de la structure. Constatons que la masse modale effective des modes 2 et 3 est de 0.007% et 0.07% respectivement contre 75% pour le premier mode : il est clair que les modes 2 et 3 sont des modes locaux qui ont, contrairement aux modes globaux, une masse modale effective très faible.

Par conséquent, nous pouvons considérer que le premier mode est dominant et que les modes 2 et 3 ne participent pas de façon significative à la réponse globale de la structure.

TABLE 5.7: Modes de vibration : Fréquences et masses modales effectives

Mode	Fréquence (Hz)	Masse modale (%)		
		X	Y	Z
1	8.4934	0.0	75.95	2.48
2	16.363	0.0	0.007	0.015
3	17.379	0.0	0.07	1.912

Le mouvement global de la structure est dominé en général par les modes globaux, tandis que les modes locaux ont une influence quasiment nulle sur la réponse globale ce qui est clairement montré sur la Figure 5.23 qui illustre les déformées modales des trois premiers modes de vibration.

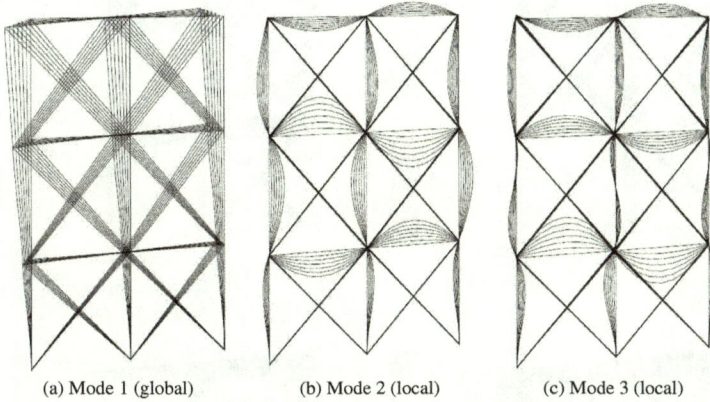

(a) Mode 1 (global)　　　(b) Mode 2 (local)　　　(c) Mode 3 (local)

FIGURE 5.23: Déformées modales pour les trois premiers modes de vibration

5.4.2 Analyse dynamique non linéaire (NLRHA)

Le comportement dynamique non linéaire du portique avec remplissage en maçonnerie est calculé en appliquant le séisme donné précédemment en Figure 5.6, avec différents niveaux d'accélération $(0.5, 1.0, 2.0, 3.0, 4.0)xPGA$. Le taux d'amortissement visqueux ξ adopté durant l'analyse est de 3%. Les résultats obtenus sont considérés pour valider l'analyse modale non linéaire découplée modifiée (M-UMRHA) en utilisant uniquement le modèle à fréquence dégradée $f(X)$.

Les déformations locales des matériaux en présence sont obtenues par l'analyse dynamique non linéaire. En appliquant un accélérogramme d'un niveau de $4.0xPGA$, la compression de béton, la traction de béton, la déformation maximale d'acier et la compression dans les bielles de maçonnerie sont illustrées sur la Figure 5.24.

155

(a) Compression dans le béton

(b) Traction dans le béton

(c) Déformation dans les aciers

(d) Compression dans les bielles maçonnerie

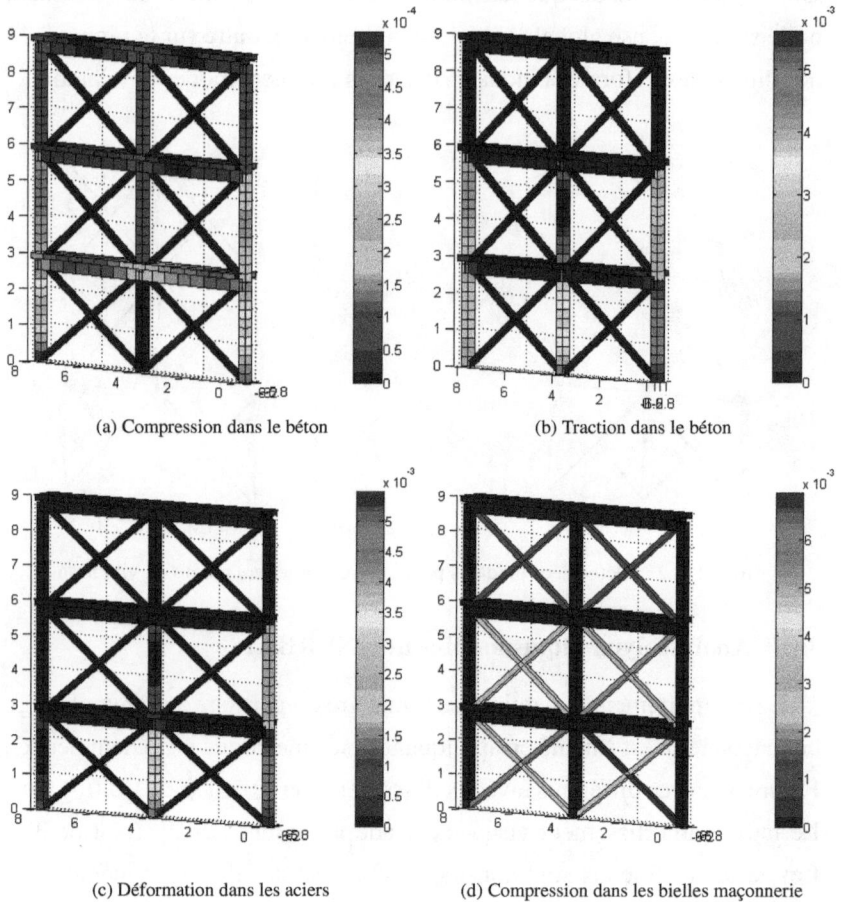

FIGURE 5.24: Déformations des matériaux du portique avec remplissage

Remarquons que la valeur de compression dans le béton atteignant 0.055% est assez loin de la valeur ultime donnée dans l'Eurocode 2 (1992) de 0.35%. Le niveau de déformation en traction dans le béton atteint 0.55%, ce qui montre qu'il peut y avoir fissuration de quelques fibres de béton pour la section considérée. En ce qui concerne les aciers, nous constatons que la valeur maximale atteignant 0.55% dépasse la limite de plastification de 0.24% ce qui indique que les aciers ont plastifié, mais le dommage des aciers reste assez faible par rapport à la déformation ultime qui est égale à 28%. Il est à noter que les déformations maximales de l'acier correspondent à un pic de déplacement. Avec un niveau d'accélération de 4.0$xPGA$ qui est égal à 0.6xg, la valeur maximale de compression dans les bielles de maçonnerie atteint 0.7% ce que excède le plateau plastique. Cette valeur signifie le comportement adoucissant de la maçonnerie mais elle reste loin de la déformation ultime à la ruine qui est égale à 1.5%. Enfin, nous constatons que les zones de forte compression du béton sont localisées dans les poteaux plutôt que dans les poutres car le portique est de type de "poutre forte – poteau faible" du fait du dimensionnement de la maquette SPEAR selon des codes de construction passés non-parasismiques. Ainsi, le dommage dans les bielles de maçonnerie se concentre dans les deux premiers étages.

5.4.3 Analyse (M-UMRHA) utilisant le modèle à fréquence dégradée $f(X)$

La courbe d'analyse quasi-statique du portique avec remplissage en maçonnerie suivant le premier mode de vibration (pushover modal selon le mode fondamental) est donnée sur la Figure 5.25, de même que la déformée en fin de calcul. Les autres modes ne participant que très peu au comportement global ne sont pas considérés dans les calculs de pushover. Nous constatons que la déformée du portique confirme les lieux de concentration des déformations montrés précédemment par les analyses dynamiques.

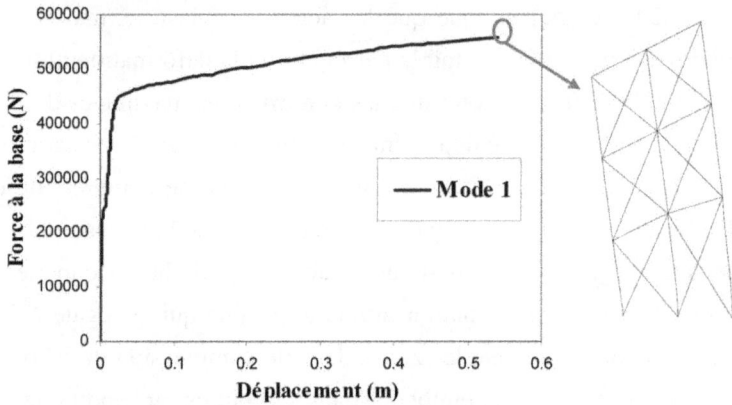

FIGURE 5.25: Courbe de pushover pour le premier mode avec la déformée du portique

Après avoir obtenu la courbe de pushover modal relative au premier mode, nous allons conduire la procédure simplifiée précédente, c'est-à-dire l'analyse modale non linéaire découplée modifiée (M-UMRHA), en utilisant uniquement le modèle global à fréquence dégradée $f(X)$.

Le taux d'amortissement adopté pour le modèle global non linéaire à 1ddl à fréquence dégradée est de 4.5% ; il est pris supérieur à celui considéré dans l'analyse dynamique non linéaire du portique SPEAR sans maçonnerie (3%), afin de prendre en compte l'amortissement additionnel provenant des remplissages en maçonnerie. Rappelons que l'utilisation du modèle global à fréquence dégradée nécessite un amortissement de type visqueux qui doit englober les différents types d'amortissement qui ont lieu au cours du chargement sismique. Ceci n'est pas le cas si l'on adopte un modèle global de type Takeda pour lequel un amortissement hystérétique apparaît naturellement ; dans ce cas, un amortissement visqueux peut être là aussi considéré mais sera de valeur plus faible que l'amortissement choisi pour le modèle à fréquence dégradée.

5.4.4 Comparaison des résultats globaux sous cinq niveaux d'accélération de séisme

L'analyse dynamique non linéaire du portique avec remplissage est effectuée pour cinq niveaux d'accélération $(0.5, 1.0, 2.0, 3.0, 4.0)xPGA$.

Les niveaux d'accélération nécessaires sont importants car l'excitation adoptée, illustrée précédemment dans la Figure 5.6, est pauvre en hautes fréquences et ne génère que peu de dommage sur la structure portique SPEAR maçonnée. D'autres excitations auraient été sans doute préférables pour les tests sur cette structure pour prospecter davantage la pertinence de l'approche simplifiée dans le domaine non linéaire. Ici, nous nous contentons de conserver l'excitation des tests pseudo-dynamiques appliquée à la maquette complète SPEAR sans remplissage, en augmentant de manière significative le niveau d'accélération.

Les résultats de l'analyse dynamique non linéaire constitueront les résultats de référence et seront ensuite confrontés à ceux d'une analyse modale non linéaire découplée modifiée (M-UMRHA) en utilisant le modèle global à fréquence dégradée $f(X)$. Trois modes de vibration sont considérés dans la combinaison des modes en prenant le premier mode comme "non linéaire" tandis que les modes 2 et 3 sont considérés comme "linéaire". De plus, trois expressions pour déterminer le déplacement total sont employées : premièrement, la réponse modale non dégradée, décrite par l'équation (Eq. 5.19), puis la réponse modale évolutive avec la dégradation de déformée modale $\phi_1'(X)$, selon l'équation (Eq. 5.20), et enfin la réponse modale évolutive avec la dégradation de déformée modale et de facteur de participation modale $\Gamma_1'(X)$, conformément à l'équation (Eq. 5.21). Les comparaisons des résultats en termes de déplacements, de déplacements maximaux des étages et de déplacements différentiels entre étages sont présentées par la suite.

La dégradation de la fréquence associée au premier mode de vibration est illustrée sur la Figure 5.26. Elle fournit la courbe $f(X)$ pour le modèle à fréquence dégradée ; la réponse temporelle $u_1^{NL}(t)$ (Eq. 5.18) en sera issue.

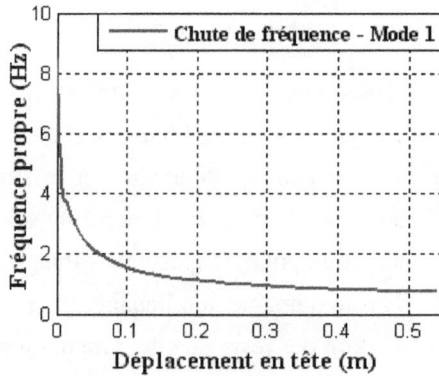

FIGURE 5.26: Dégradation de la fréquence du premier mode du portique avec remplissage

Sur la Figure 5.27, la dégradation de la déformée modale normalisée du premier mode de vibration durant le chargement quasi-statique est montrée ; les déformées en début et fin de calcul quasi-statique sont ajoutées de part et d'autre de la Figure 5.27. Nous remarquons que les murs de remplissage en maçonnerie rigidifient significativement le portique car la dégradation de la déformée modale est faible. Pour cette structure, nous pouvons anticiper que la prise en compte des modes évolutifs n'aura que peu d'effet sur la réponse dynamique.

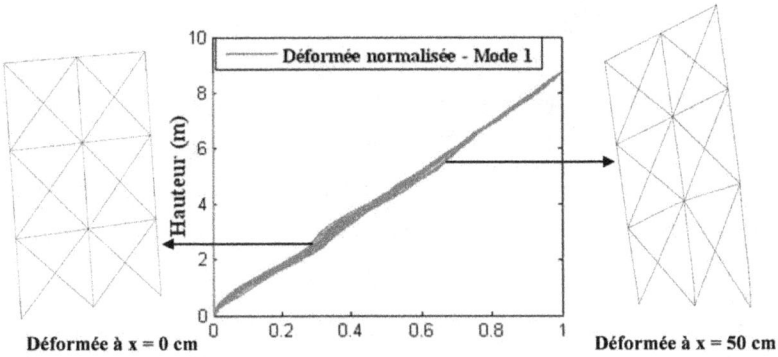

FIGURE 5.27: La dégradation de la déformée modale et les déformées du portique avec remplissage

La dégradation du facteur de participation modale $\Gamma'_1(X)$ pendant le chargement quasi-statique du premier mode de vibration est illustrée sur la Figure 5.28.

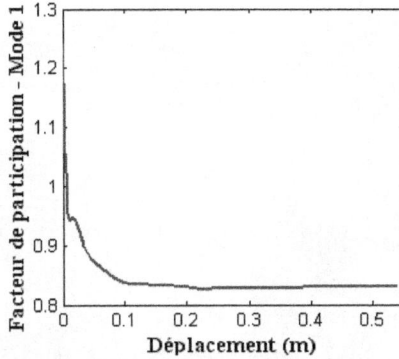

FIGURE 5.28: La dégradation du facteur de participation modale du portique avec remplissage

L'histoire de déplacement pour les cinq niveaux d'accélération issue de l'analyse dynamique non linéaire est comparée avec celle obtenue par la méthode M-UMRHA sur la Figure 5.29. Le bon accord entre les courbes souligne que la méthode M-UMRHA en utilisant le modèle global à fréquence dégradée $f(X)$ assure des résultats satisfaisants aux niveaux des pics de déplacements ainsi qu'aux niveaux des fréquences de la réponse.

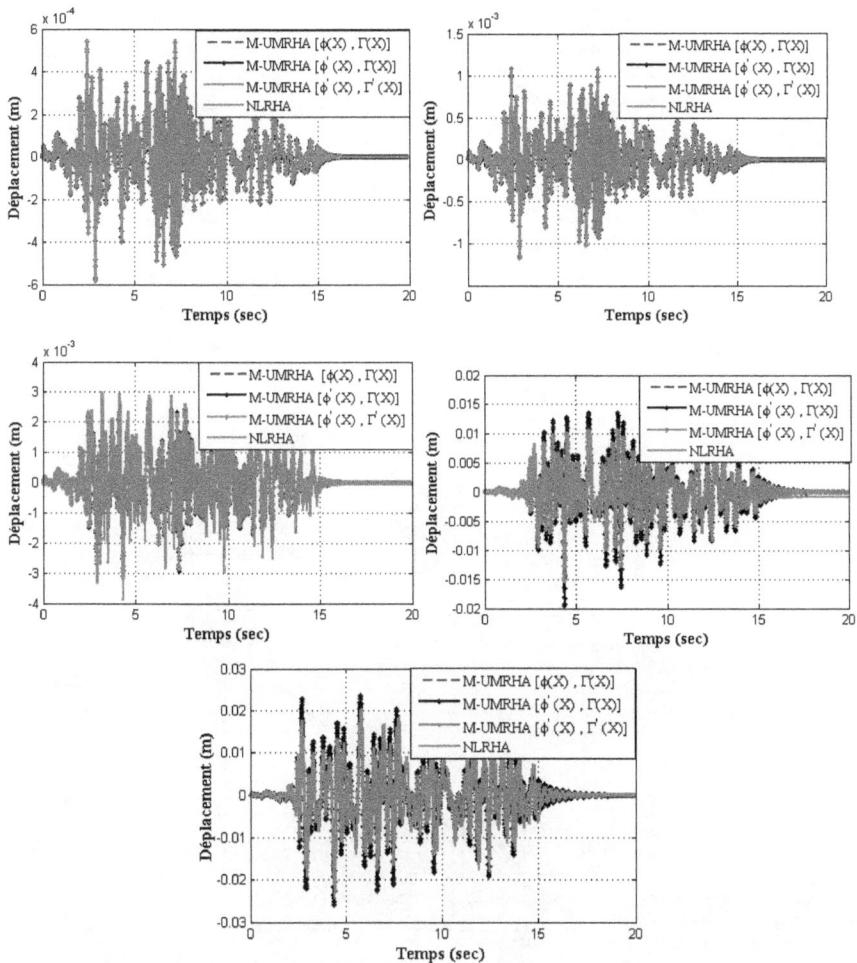

FIGURE 5.29: Comparaison de l'histoire de déplacement entre la procédure NLRHA *vs* la procédure M-UMRHA en utilisant le modèle $f(X)$ pour cinq niveaux d'accélération

La validation à un niveau plus quantitatif de la méthode M-UMRHA s'effectue au travers des comparaisons des déplacements des étages, tracés sur la Figure 5.30.

163

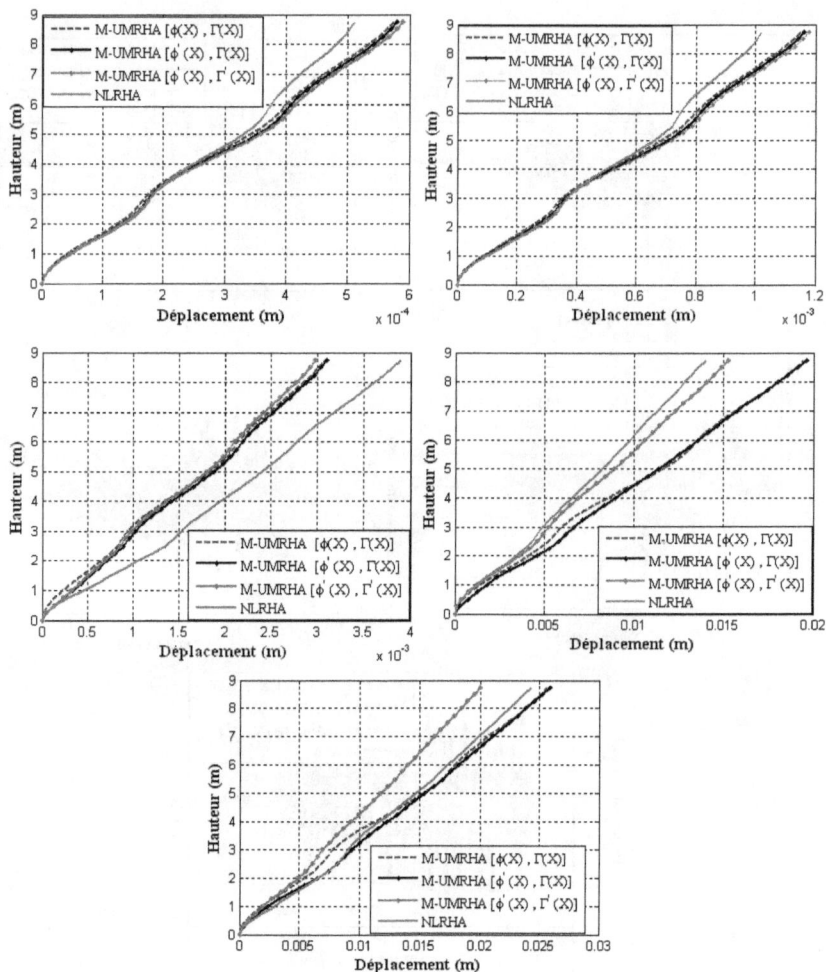

FIGURE 5.30: Comparaison de déplacements des étages entre la procédure NLRHA *vs* La procédure M-UMRHA en utilisant le modèle $f(X)$ pour cinq niveaux d'accélération

L'écart entre les courbes issues de la méthode de référence NLRHA et celles de la méthode proposée M-UMRHA pour les cinq niveaux d'accélération peut être considéré comme acceptable. Il est à noter que la réponse modale avec prise en compte de la dégradation de la déformée modale n'améliore que peu la prédiction pour les cinq niveaux d'accélération, à l'exception du niveau 3*xPGA*. En général, comme cela a été anticipé précédemment à la lumière de la Figure 5.27, nous constatons que la procédure de changement de déformée modale n'a que très peu d'influence dans le cas considéré du portique SPEAR maçonné. Cela montre également que la procédure de changement de déformée modale au cours de l'endommagement est robuste puisqu'elle n'altère pas la méthode classique sans changement de déformée modale. L'influence est plus importante lorsque l'on considère aussi l'évolution du facteur de participation modale : un effet positif peut être souligné pour le cas 3*xPGA*, mais l'effet contraire est aussi constaté pour le cas 4*xPGA*.

La Figure 5.31 présente la comparaison des déplacements différentiels entre étages. Les niveaux de déplacements différentiels sont très faibles pour les trois premiers niveaux d'excitation, restant en deçà de la valeur 0.055%. Pour ces niveaux d'accélération, nous nous situons quasiment dans le domaine linéaire et les erreurs importantes constatées pour la modélisation simplifiée (M-UMRHA) proviennent essentiellement des choix de taux d'amortissement visqueux pour l'analyse non linéaire dynamique rigoureuse et l'analyse simplifiée.

Les deux derniers niveaux d'accélération permettent de prospecter le début de comportement non linéaire. Pour les niveaux 3 et 4 d'accélération, la prédiction des déplacements différentiels est clairement améliorée par les approches proposées avec déformée modale dégradée, que ce soient aux niveaux des écarts avec la courbe de référence que de la forme des courbes qui sont bien plus en adéquation avec la courbe de référence. Par contre, pour le niveau 4 d'accélération, nous constatons que la prise en compte de l'évolution du facteur de participation modale détériore la prédiction, en fournissant tout de même une meilleure allure de courbe que la courbe sans dégradation de déformée modale.

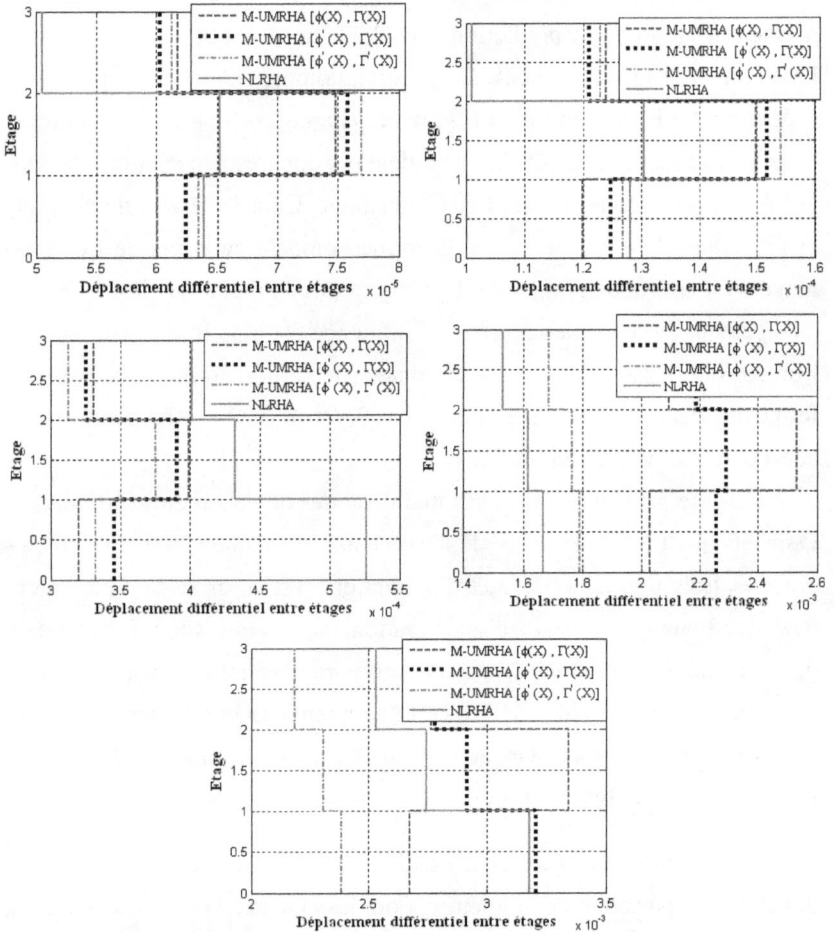

FIGURE 5.31: Comparaison des déplacements différentiels entre étages (NLRHA *vs* M-UMRHA en utilisant le modèle $f(X)$) pour cinq niveaux d'accélération

5.4.5 Evaluation du dommage

Le niveau de dommage produit dans le portique avec remplissage sous les différents niveaux d'accélération appliqués est défini par la valeur de déplacement différentiel entre étages avec les limites précisées dans les trois normes suivantes : l'Eurocode 8, FEMA-273 et HAZUS.

TABLE 5.8: Niveaux de dommage du portique avec remplissage pour cinq niveaux d'accélération en utilisant trois normes

Etage	Drift		0.5xPGA						
			EC8		HAZUS		FEMA	
	NLRHA	M-UMRHA	NLRHA	M-UMRHA	NLRHA	M-UMRHA	NLRHA	M-UMRHA
1	0.00006	0.00006	Non	Non	Non	Non	IO	IO
2	0.00007	0.00008	Non	Non	Non	Non	IO	IO
3	0.00005	0.00006	Non	Non	Non	Non	IO	IO
Etage	Drift		1.0xPGA					
			EC8		HAZUS		FEMA	
	NLRHA	M-UMRHA	NLRHA	M-UMRHA	NLRHA	M-UMRHA	NLRHA	M-UMRHA
1	0.00013	0.00013	Non	Non	Non	Non	IO	IO
2	0.00013	0.00015	Non	Non	Non	Non	IO	IO
3	0.00010	0.00012	Non	Non	Non	Non	IO	IO
Etage	Drift		2.0xPGA					
			EC8		HAZUS		FEMA	
	NLRHA	M-UMRHA	NLRHA	M-UMRHA	NLRHA	M-UMRHA	NLRHA	M-UMRHA
1	0.00053	0.00033	Non	Non	Non	Non	IO	IO
2	0.00043	0.00038	Non	Non	Non	Non	IO	IO
3	0.0004	0.00031	Non	Non	Non	Non	IO	IO
Etage	Drift		3.0xPGA					
			EC8		HAZUS		FEMA	
	NLRHA	M-UMRHA	NLRHA	M-UMRHA	NLRHA	M-UMRHA	NLRHA	M-UMRHA
1	0.00167	0.00179	Non	Non	Non	Non	IO	IO
2	0.00162	0.00176	Non	Non	Non	Non	IO	IO
3	0.00153	0.00169	Non	Non	Non	Non	IO	IO
Etage	Drift		4.0xPGA					
			EC8		HAZUS		FEMA	
	NLRHA	M-UMRHA	NLRHA	M-UMRHA	NLRHA	M-UMRHA	NLRHA	M-UMRHA
1	0.00318	0.00238	Non	Non	léger	léger	LS	IO
2	0.00275	0.00231	Non	Non	léger	léger	IO	IO
3	0.00253	0.00219	Non	Non	léger	léger	IO	IO

Le Tableau 5.8 résume les déplacements différentiels entre étages issus des deux méthodes d'analyse pour les différents niveaux d'accélération. De plus, il montre le niveau de dommage en chaque étage. Nous remarquons que les murs de remplissage en maçonnerie rigidifient significativement le portique sous séisme car les valeurs de déplacements différentiels entre étages sont très faibles, ce qui réfute la considération des panneaux en maçonnerie non armé comme des éléments non structuraux, comme cela est le cas dans la construction des bâtiments généralement. Ainsi, le portique ne montre pas de dommage important dans les différents étages même avec un niveau d'accélération très élevé. Néanmoins, il convient de souligner que l'excitation employée, pauvre en hautes fréquences, n'est sans doute pas le meilleur choix pour prospecter la pertinence des approches simplifiées proposées dans ce travail. Par ailleurs, les éléments de maçonnerie sont très sensibles au mouvement hors-plan, expliquant le fait qu'ils ne soient pas jugés comme des éléments structuraux. Ici, seule une excitation dans le plan a été considérée. Enfin, le modèle global de panneaux de maçonnerie selon des bielles diagonales adopté n'est peut être que peu représentatif des panneaux de maçonnerie de piètre qualité fréquents dans le bâti existant.

5.5 Conclusion

Dans ce chapitre, deux structures sont étudiées afin de valider la méthode proposée M-UMRHA : un portique de la structure SPEAR de trois étages et deux baies sous un séisme uni-directionnel avec deux niveaux d'accélération $(0,5; 1,0)xPGA$ et le même portique avec remplissage en maçonnerie sous un séisme uni-directionnel avec cinq niveaux d'accélération $(0,5; 1,0; 2,0; 3,0; 4,0)$ $xPGA$. Les résultats obtenus par la méthode M-UMRHA en utilisant le modèle à fréquence dégradée $f(X)$, en termes de déplacements et de déplacements différentiels entre étages pour les deux portiques sous les différents séismes, sont globalement satisfaisants par rapport à ceux issus de l'analyse dynamique non linéaire. Il est important de souligner que la méthode simplifiée (M-UMRHA) permet des réductions drastiques de temps de calcul par rapport à une analyse transitoire non linéaire. Plus précisément, une fois la courbe de pushover modal obtenue, la réponse dynamique en termes de déplacements et de déplacements différentiels entre étages peut être évaluée en moins d'une minute seulement en utilisant le modèle à fréquence dégradée $f(X)$.

Nous avons étudié l'effet de la dégradation de la déformée modale et celle du facteur de participation modale sur la réponse globale des deux portiques. Nous remarquons que la prédiction de la réponse dynamique non linéaire du portique SPEAR par la méthode d'analyse modale non linéaire découplée modifiée (M-UMRHA) est nettement améliorée lorsque l'on prend en compte la dégradation des modes au cours du temps et celle des facteurs de participation modales. En évaluant le dommage subi par le portique pour les deux niveaux de *PGA* par rapport aux trois normes, nous trouvons que le modèle à fréquence dégradée $f(X)$ est pertinent pour l'évaluation du niveau de dommage subi par le portique. En ce qui concerne le portique avec remplissage, nous constatons que le portique ne montre pas de dommage important dans les différents étages même avec un niveau d'accélération très élevé du fait que les murs de remplissage en maçonnerie rigidifient significativement le portique sous séisme.

Dans le chapitre suivant, nous allons appliquer la méthode M-UMRHA sur une structure réelle plus complexe : l'Hôtel de ville de Grenoble. Nous cherchons à évaluer la pertinence de cette méthode pour la prédiction de la réponse globale de la structure considérée en termes de déplacements et de déplacements différentiels.

6 Hôtel de Ville de Grenoble

6.1 Introduction

La validation de la méthode proposée d'analyse modale non linéaire découplée modifiée (M-UMRHA) est étendue au cas d'une structure réelle complexe : l'Hôtel de Ville de Grenoble, construit en 1968. Cette structure a fait l'objet de plusieurs études dans le cadre du programme de recherche ANR ARVISE. Nous présentons dans ce chapitre la modélisation des éléments structuraux en utilisant des éléments de poutres multifibres avec une cinématique de type Timoshenko pour modéliser les poteaux et les poutres, des éléments finis de type coque mince multicouches pour les voiles, des éléments de type barre pour les armatures des voiles et enfin des éléments coques simples pour les planchers. Des modèles locaux sont utilisés afin de reproduire le comportement des matériaux structuraux. Ces modèles nous permettent de visualiser le dommage local subi par la structure. La loi nommée "Béton_Uni" caractérise le comportement des fibres de béton pour les poteaux et poutres. La loi de Menegotto-Pinto représente le comportement des armatures dans la structure. La loi locale biaxiale "Béton_INSA" est adoptée pour reproduire le comportement dans le plan des voiles. Le comportement des planchers est supposé élastique. Un séisme bidirectionnel synthétique présenté dans la suite est considéré à la base de l'Hôtel de Ville de Grenoble. Afin d'évaluer la vulnérabilité de l'Hôtel de Ville de Grenoble face au risque sismique, deux niveaux d'accélérations maximales à la base (*PGA et* 2*xPGA*) sont appliqués. Une analyse dynamique non linéaire bidirectionnelle est conduite sur la structure nous permettant de visualiser les résultats locaux en termes de déformations dans le béton et les armatures des voiles ainsi que les résultats globaux en termes de déplacements et de déplacements différentiels entre les étages. La méthode d'analyse modale non linéaire découplée modifiée (M-UMRHA) est validée par rapport à la méthode de référence, c'est-à-dire l'analyse dynamique non linéaire (NLRHA). La méthode M-UMRHA est appliquée sur le bâtiment en utilisant les cinq approches pour un système à un degré de liberté non linéaire : le modèle élasto-plastique proposé par Chopra *et al.* (2001), les deux autres modèles élasto-plastiques avec des courbes enveloppes différentes, le modèle hystérétique modifié de Takeda et le modèle simplifié basé sur la dégradation de fréquence en fonction d'un indicateur de dommage (Tataie *et al.* (2009, 2010a, 2010b, 2011, 2012)) L'évaluation du dommage subi par l'Hôtel de Ville de Grenoble est déterminée par l'indicateur de dommage considéré dans cette étude : le déplacement différentiel entre étages, en utilisant les limites données dans les trois normes suivantes : l'Eurocode 8, FEMA-273 et HAZUS.

6.2 Description de la structure

L'Hôtel de Ville de Grenoble est une structure en béton armé à plusieurs étages, construite en 1968. Les documents de conception de ce bâtiment fournissent les dimensions et le renforcement des éléments structuraux tels que les murs, les poutres et les poteaux. Les dimensions de la structure sont de $13\,m \times 44\,m$ en plan et de $52\,m$ en hauteur. La structure illustrée sur la Figure 6.1 est divisée en deux parties : inférieure et supérieure. La partie inférieure (de $-3.4\,m$ à $12.38\,m$) se compose de trois niveaux (sous-sol, Rez-de-chaussée 1 et Rez-de-chaussée 2) et de quatre piles qui donnent la rigidité à la structure. Les piles sont composées de cages d'ascenseur et d'escalier et forment un portique dont la partie supérieure est formée par une dalle épaisse constituée de poutres précontraintes de $3\,m$ de hauteur d'âme. La partie supérieure de la structure (de $12.38\,m$ à $52\,m$) est constituée de 11 étages dont les 9 premiers sont de géométrie similaire et les deux derniers niveaux d'une hauteur d'étage légèrement plus importante. Les onze étages se composent de poutres, des poteaux et des quatre piles. Les poteaux du dernier étage sont remplacés par des murs. Le plan d'un étage courant est montré sur la Figure 6.2. Le système de fondation est formé de pieux, profondément ancrés dans une couche compacte de sable et de graviers. L'Hôtel de Ville de Grenoble est étudié dans le cadre du programme de recherche ANR ARVISE.

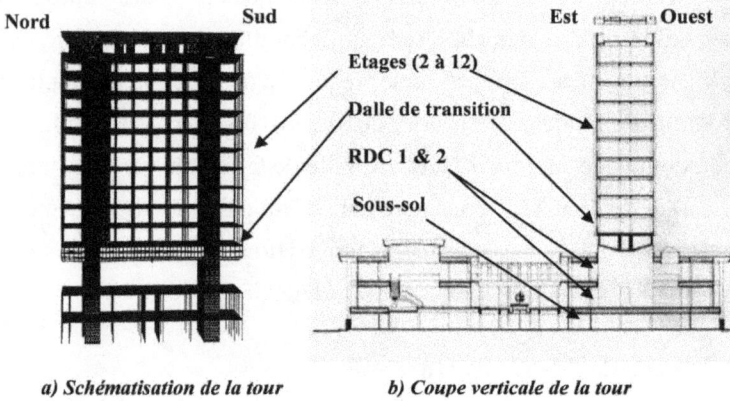

a) Schématisation de la tour   b) Coupe verticale de la tour

FIGURE 6.1: Hôtel de Ville de Grenoble

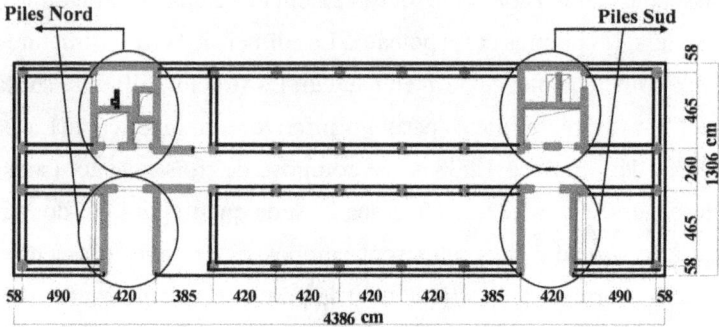

FIGURE 6.2: Plan d'un étage courant

6.3 Modélisation de la structure

Pour aborder l'analyse du comportement dynamique de cette structure, il convient de s'orienter vers des approches de type semi-local permettant d'utiliser les modèles locaux de comportement du béton et de l'acier, dans

172

le cadre d'une cinématique simplifiée, associée aux éléments finis de type coque ou poutre. Les modèles de ce type permettent d'une part d'exploiter les caractéristiques d'éléments de structure en réduisant la taille du système d'équations, et d'autre part favorisent une intégration plus rapide de la loi de comportement. Pour représenter les différentes parties de la structure le modèle utilisé s'appuie donc sur une description semi-locale 3-D. Les poteaux et les poutres sont modélisés par des éléments de poutres multifibres avec une cinématique de type Timoshenko prenant en compte des effets de cisaillement au niveau des sections. Les lois utilisées en chaque fibre pour les matériaux béton et acier sont unidirectionnelles permettant de reproduire aisément les effets cycliques de l'excitation sismique. Les fibres de béton sont caractérisées par la loi nommée "Béton_Uni" et présentée précédemment. La loi de Menegotto-Pinto est adoptée pour représenter le comportement des armatures longitudinales. Les voiles sont représentés par des éléments finis de type coque mince multicouches en utilisant la loi locale biaxiale "Béton_INSA" basée sur le concept de fissuration fixe et répartie. Les armatures des voiles sont introduites au sein du maillage des voiles en supposant une adhérence parfaite avec le béton : les éléments finis de type barre avec la loi de Menegotto-Pinto coïncident avec les frontières des éléments finis coques pour le béton. Le comportement des voiles étant supposé principalement dans leur plan (comportement en cisaillement et flexion dans le plan), les aciers sont placés dans le plan moyen des voiles. On suppose un comportement élastique pour les planchers qui sont modélisés par des éléments coques simples, hypothèse généralement admise compte tenu de la rigidité des planchers dans leur plan par rapport aux éléments de contreventement. Pour une telle structure, la taille du problème engendré conduit généralement à une analyse très lourde qui nécessite des stockages et des temps de calcul très importants. Le Tableau 6.1 résume les différents types d'éléments finis et les lois de comportement utilisées au sein de la modélisation de l'Hôtel de Ville de Grenoble.

TABLE 6.1: Les éléments finis et les lois de comportements

Modélisation	Matériau	Elément finis	Loi de Comportement	Nom de loi
Voiles	Béton	Coque Multicouches	NL 2D	BETON_INSA (NADAI-B)
	Acier	Barre	NL 1D	MENEGOTTO-PINTO
Poutre et Poteau	Béton	Multifibres (Timoshenko)	NL 1D	BETON_UNI
	Acier	Multifibres (Timoshenko)	NL 1D	MENEGOTTO-PINTO
Plancher	Béton	Coque une couche	L 2D	ELASTIQUE

Le maillage de l'étage courant, constitué des piles en coques multi-couches, des poteaux et poutres en éléments finis de type poutre multifibres et de plancher en coques simples, est montré sur la Figure 6.3.

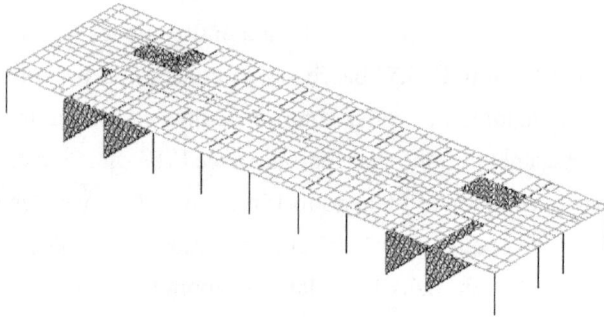

FIGURE 6.3: Maillage d'un étage courant

De façon plus détaillée, la Figure 6.4 montre le maillage des éléments coques multicouches pour le béton et le maillage des éléments de type barre pour les armatures. Les nœuds des éléments coques et armatures sont communs (adhérence parfaite). La position physique des armatures n'est pas scrupuleusement respectée au sein de ce maillage, mais le pourcentage d'armatures figurant dans les voiles est conforme aux plans de ferraillage. Notons de plus que les armatures sont placées dans le plan moyen des voiles ce qui facilite la mise en œuvre du modèle. Cette simplification est justifiée par le fait que les effets de flexion hors plan attendus dans les voiles sont mineurs par rapports aux effets de cisaillement et flexion dans le plan des voiles. Dans le même ordre d'idée, le nombre de couches pour les voiles béton est limité à 3 couches.

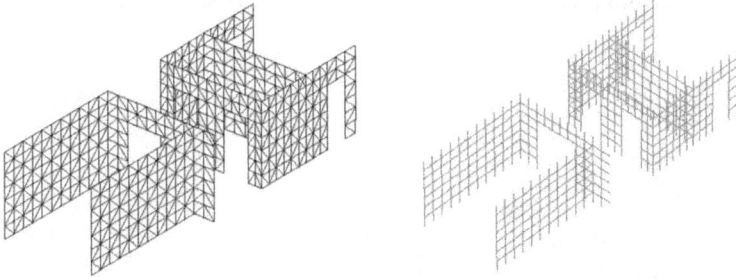

FIGURE 6.4: Maillage coque pour les éléments béton et maillage des armatures pour la pile Sud au sein de l'étage courant

En considérant le cas d'une charge accidentelle, la formule réglementaire $P = G + 0,8Q$ combinant les charges permanentes et les charges d'exploitation en situation accidentelle nous permet de calculer les charges à prendre en compte dans l'analyse dynamique non linéaire du bâtiment. Ces forces statiques sont appliquées aux niveaux des planchers. Sur la Figure 6.5, est représenté le maillage du plancher en éléments coques simples avec une loi de comportement élastique.

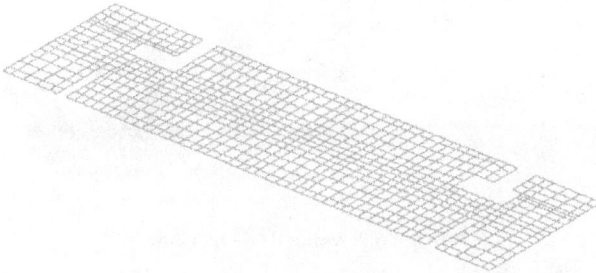

FIGURE 6.5: Plancher de l'étage courant

Les poutres et poteaux sont modélisés par des éléments de type poutre multifibres dont les sections sont données sur la Figure 6.6. Pour les ailes des poutres en T, une largeur efficace de 7% de la portée libre est adoptée (Fardis, 1994). Cette valeur se situe entre la limite prescrite par l'Euro-code 2 (1992) et la largeur recommandée pour les structures conçues en considérant uniquement les charges de gravité (Mwafy, 2001).

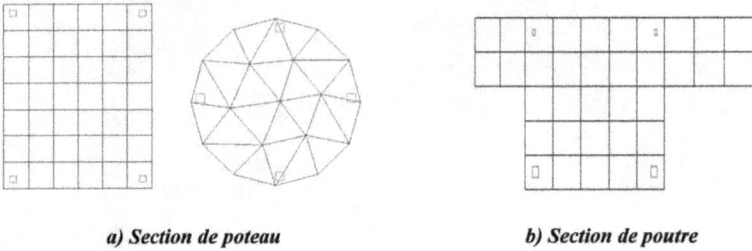

a) Section de poteau   *b) Section de poutre*

FIGURE 6.6: Maillage fibres béton et armatures dans les sections des poteaux et poutres de l'étage courant

Le maillage des voiles du dernier étage est représenté sur la Figure 6.7. Les voiles sont modélisés par des éléments finis de type coque simple en suivant une loi de comportement unidimensionnelle élastique.

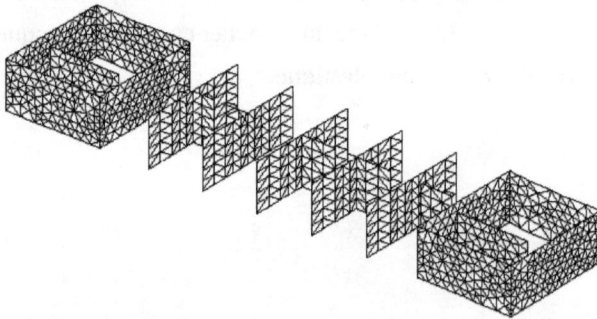

FIGURE 6.7: Voiles de dernier étage

Les poutres précontraintes existantes dans le rez-de-chaussée 2 (Figure

6.8) sont modélisées par des éléments coques simples (une seule couche) en suivant une loi de comportement élastique avec un module de Young augmenté $E = 1.56xE_{béton}$. Cette représentation de la poutre précontrainte est une simplification importante : nous supposons que ces poutres rigides précontraintes ne subiront pas de dommage. La modélisation de la précontrainte est en effet délicate, d'autant plus que les informations concernant le dimensionnement de ces poutres précontraintes étaient manquantes.

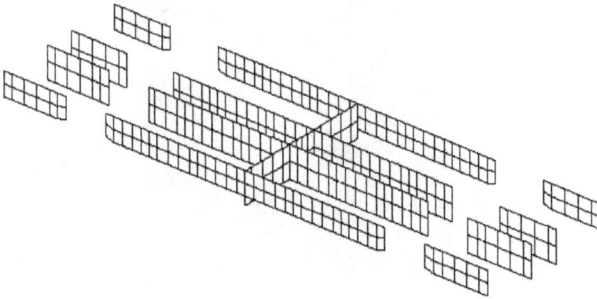

FIGURE 6.8: Poutres précontraintes de RD2

Le module de Young du béton est de $32\,GPa$., avec une résistance de compression de $30\,MPa$ et une résistance en traction de $2.4\,MPa$. Le paramètre pour la pente post-pic du béton après fissuration a été estimé à 0.05% et la valeur ultime de déformation à la ruine en compression est de 0.8%. Pour les armatures, le module de Young est égal à $200\,GPa$, la limite élastique est de $500\,MPa$ et la valeur ultime de déformation de 5%.

La Figure 6.9, représentant le maillage complet de l'Hôtel de Ville, comporte un nombre total de nœuds égal à 34571 et d'éléments de 82414. Cette modélisation inclut un nombre très important de degrés de liberté, mais doit permettre de représenter finement le comportement global et local de la structure.

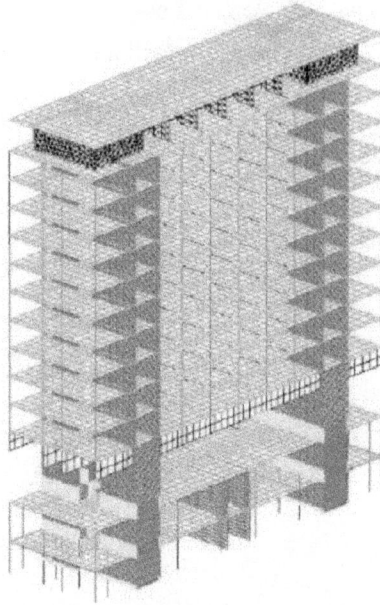

FIGURE 6.9: Maillage complet de l'Hôtel de Ville de Grenoble

Le nombre d'éléments selon chaque type d'élément fini est résumé dans le Tableau 6.2. Il faut souligner que les temps de calculs et de stockage sont principalement pilotés par le nombre d'éléments coques multicouches (34302) et dans une moindre mesure le nombre d'éléments poutre multifibres (8025).

TABLE 6.2: Nombre d'éléments finis

	Type d'élément fini	Nombre d'éléments
Coque	COQ4	10238
Multicouches	DKT (3 couches)	34302
	DKT (simple)	2299
Multifibres	POUTRE TIMO	8025
	BARRE	27550
TOTAL		82414

6.4 Analyse modale

La tour de l'Hôtel de Ville est supposée encastrée à la base, à la côte verticale $-3.4\,m$. Le calcul des masses est effectué à partir du poids propre et des charges d'exploitation selon le cas de charge accidentelle : $P = G + 0,8Q$ (G : charges permanentes ; Q : charges d'exploitation). La partie de la masse correspondant au poids propre est répartie à chaque élément structurel proportionnellement à la densité du béton, tandis que celle correspondant aux charges d'exploitation est répartie aux niveaux de dalles. Une matrice de masse consistante est utilisée dans les calculs. La masse totale de la structure s'élève à $84815\,kN$ ($8498.5\,tons$).

L'analyse vibratoire est effectuée entre 0 et 10 Hz. L'analyse donne 22 modes. Les résultats de l'analyse modale font ressortir 3 modes prépondérants : un premier mode qui est un mode de flexion longitudinale, ensuite, un deuxième mode de flexion transversale et un troisième mode de vibration qui est un mode de torsion autour de l'axe vertical. Les valeurs des 3 premières fréquences propres sont proches des valeurs expérimentales déterminées par l'analyse sous vibrations ambiantes. La comparaison entre les fréquences obtenues par l'analyse numérique avec celles de l'expérimentation en utilisant la méthode FDD ("Frequency Domain Decomposition") (Michel, 2007) sont résumées dans le Tableau 6.3.

TABLE 6.3: Fréquences propres : comparaison expérience/modélisation 3D

Mode	Type de Mode	Fréquence identifiée sous vibrations ambiantes (Hz)	Fréquence par l'analyse modale (Hz)
1	Flexion longitudinale	1.16	1.071
2	Flexion transversale	1.22	1.196
3	Torsion	1.45	1.34
4	Flexion selon X	4.5	4.243
5	Flexion selon Y	5.7	4.653

La modélisation de la tour de l'Hôtel de Ville de Grenoble constitue une discrétisation fine de la géométrie de l'ouvrage. Avec cette modélisation fine qui comporte un nombre très important de degrés de liberté, les fréquences et les déformées modales présentent une bonne corrélation avec ceux issus de l'expérimentation in situ. Les déformées modales des trois premiers modes issues de l'analyse modale et celles issues de l'analyse sous vibrations ambiantes (Michel, 2007) sont montrées respectivement sur les Figure 6.10 et 6.11.

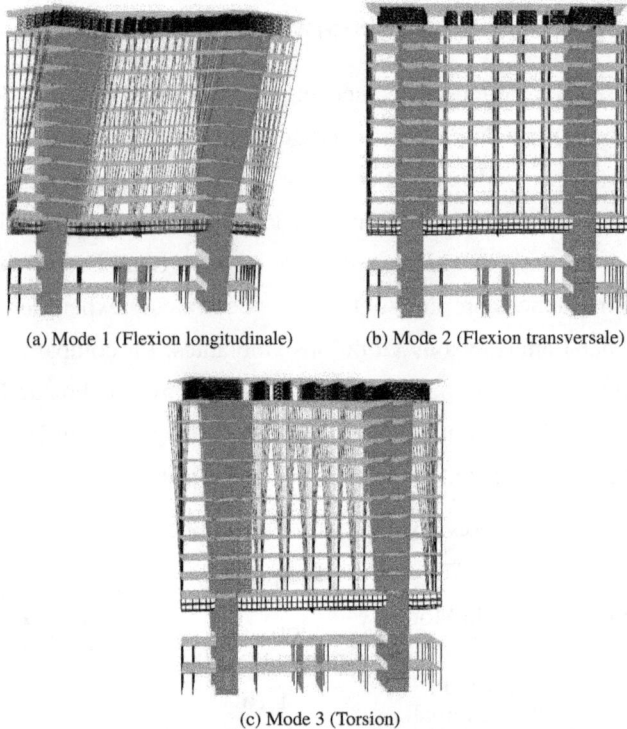

(a) Mode 1 (Flexion longitudinale)   (b) Mode 2 (Flexion transversale)

(c) Mode 3 (Torsion)

FIGURE 6.10: Visualisation des 3 premières déformées modales de la modélisation 3D fine de l'Hôtel de Ville de Grenoble

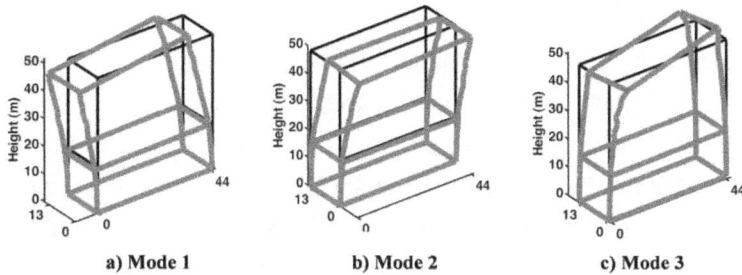

a) Mode 1   b) Mode 2   c) Mode 3

FIGURE 6.11: Visualisation des 3 premières déformées modales issues de l'analyse sous vibrations ambiantes (Michel, 2007)

Le Tableau 6.4 donne les pourcentages des masses modales effectives suivant chaque direction d'excitation pour les cinq premiers modes de vibration.

TABLE 6.4: Pourcentages des masses modales des modes de vibration

Mode	Masse modale %		
	X	Y	Z
1	67.989	0.451	0.016
2	0.739	56.597	0.002
3	0.488	0.488	0.0001
4	22.222	0.181	0.009
5	0.443	13.035	0.001

Il est remarqué dans le Tableau (6.4) que le premier mode est dominant dans la direction X avec un pourcentage de masse modale de $67,98\%$. En ce qui concerne la direction Y, le pourcentage de masse modale du premier mode est inférieur à 1% tandis que celui du deuxième mode est de 56.59%. Par conséquent, le deuxième mode est dominant dans la direction Y.

6.5 Charge appliquée sur l'Hôtel de ville de Grenoble

Afin d'évaluer la vulnérabilité de l'Hôtel de Ville de Grenoble face à une charge sismique, un séisme bidirectionnel a été simulé par l'équipe du LGIT (Laboratoire de Géophysique Interne et Tectonophysique), partenaire du programme de recherche ANR ARVISE, le séisme artificiel

181

représente un événement sismique dont le foyer se situerait à 15 *Km* de Grenoble, pour un site caractérisé par des sédiments (Répertoire Grenoble-EGF). La technique de génération des accélérogrammes est fondée sur la méthode des fonctions de Green empirique (Causse *et al.* 2007, Michel *et al.* (2010, 2006)). Les deux accélérogrammes synthétiques de ce séisme appliqués dans les directions X (Nord-Sud) et Y (Est-Ouest) sont donnés sur la Figure (6.12). L'accélération maximale (PGA : "Peak Ground Acceleration") de l'excitation sismique bidirectionnelle est de $3.96\,m/s^2$. Le bâtiment est alors soumis aux deux composantes de ce séisme (Nord-Sud et Est-Ouest) ainsi qu'à son poids propre. Afin de valider la méthode d'analyse modale non linéaire découplée modifiée (M-UMRHA) par rapport à l'analyse dynamique non linéaire (NLRHA), deux niveaux d'accélérations maximales à la base (*PGA et* 2*xPGA*) sont appliqués au modèle de l'Hôtel de ville de Grenoble.

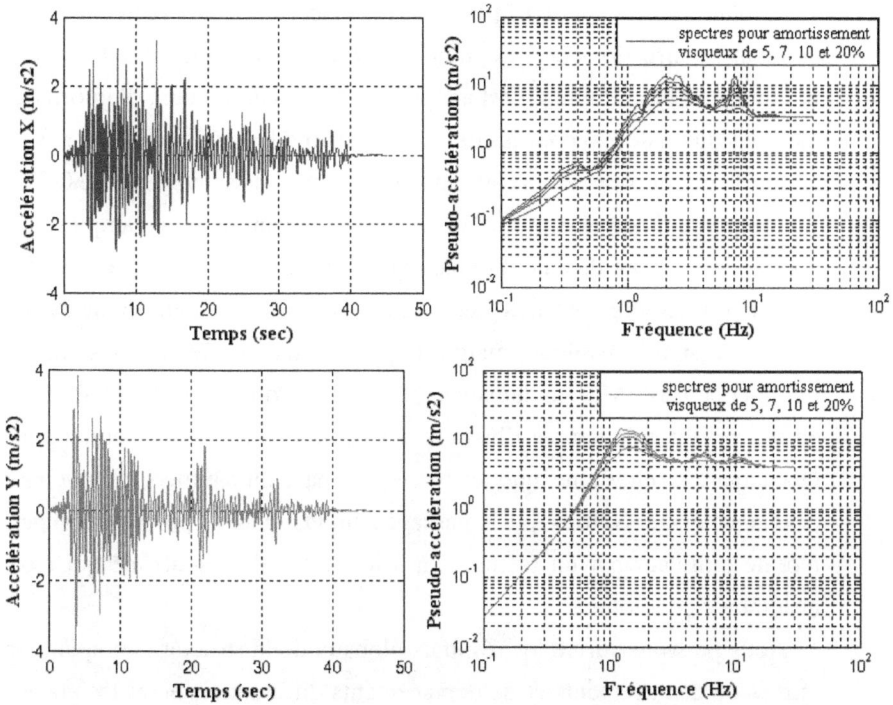

FIGURE 6.12: Accélérogrammes et spectres selon X (Nord-Sud) et Y (Est-Ouest)

6.6 Analyse dynamique non linéaire (NLRHA)

Une analyse dynamique non linéaire bidirectionnelle est conduite sur la structure en adoptant l'excitation sismique bidirectionnelle (Figure (6.12)). Le calcul non linéaire dynamique incrémental a été effectué en utilisant le code éléments finis Cast3M avec la procédure PASAPAS. L'équation du mouvement selon la méthode aux éléments finis pour un séisme bidirectionnel est donnée ci-dessous :

$$m.\ddot{u} + c.\dot{u} + f_s(u, sign\dot{u}) = -m.i_x.\ddot{u}_{g,x}(t) - m.i_y.\ddot{u}_{g,y}(t) \qquad (6.1)$$

avec m la matrice de masse, c la matrice d'amortissement visqueux et

$f_s(u, sign\dot{u})$ dépendant de l'histoire des déplacements. Les vecteurs i_x et i_y donnent les directions de l'excitation sismique bidirectionnelle. Un amortissement de type Rayleigh est adopté en choisissant un taux d'amortissement visqueux de 2% pour les deux premiers modes de flexion. Les pas de temps de calcul sont de $5\,ms$ avec un pas de temps de sauvegarde de $0.02\,s$. Le chargement de poids propre et les charges d'exploitation statiques sont appliqués en début de calcul dynamique. Les temps de calcul sur des PC quadri processeurs sont très importants, atteignant 45 jours pour 37 secondes de signal sismique, malgré la parallélisation effective des calculs par le code Cast3M. Les demandes de stockage doivent être très limitées en conservant uniquement l'histoire des déplacements en plusieurs points de chaque plancher ainsi que les forces à la base du bâtiment ou à la base de chaque étage. Notons que le passage à un PC icor7 (8 processeurs) permet de diminuer par un facteur 2 à 3 les temps de calculs, ce qui reste néanmoins conséquent.

Nous pouvons suivre les résultats globaux de la structure complète en termes de déplacements et de déplacements différentiels entre les étages. Egalement, le calcul dynamique nous permet de visualiser les résultats locaux en termes de déformations dans le béton et les armatures des voiles.

6.6.1 Résultats globaux

La Figure (6.14) présente les résultats globaux issus de la méthode dynamique non linéaire (NLRHA), en termes de déplacements, pour les deux niveaux d'accélérations maximales (*PGA et* 2*xPGA*) et en trois points de contrôle en tête de la structure (Figure (6.13)).

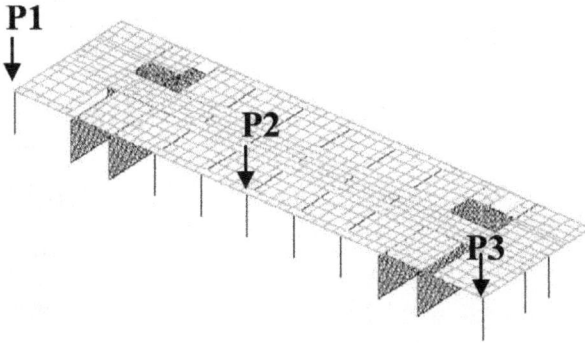

FIGURE 6.13: Points de contrôle en tête de l'Hôtel de Ville de Grenoble

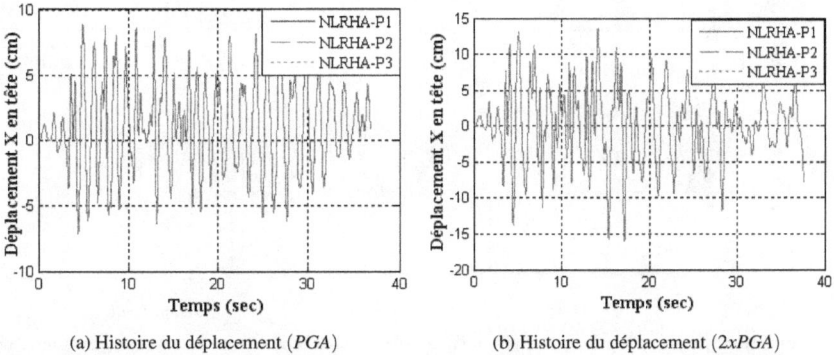

(a) Histoire du déplacement (*PGA*)　　　(b) Histoire du déplacement (2*xPGA*)

FIGURE 6.14: Histoire des déplacements en trois points en tête de l'Hôtel de Ville de Grenoble dans la direction X

Les déplacements identiques pour les trois points en tête indiquent que le premier mode de vibration domine le mouvement dans la direction X. Il s'agit d'un mode en flexion pure selon X, sans rotation détectée.

185

Les déplacements maximaux sont de 8.79 *cm* et 16 *cm* obtenus aux instants $t = 4.92 s$ et $t = 17.14 s$ pour les deux niveaux de l'accélération, respectivement.

Sur la Figure (6.15), est montrée, à gauche, l'histoire des déplacements en trois points de contrôle en tête de la structure dans la direction Y, et à droite, l'histoire des rotations entre ces points de contrôle pour les deux niveaux d'accélération.

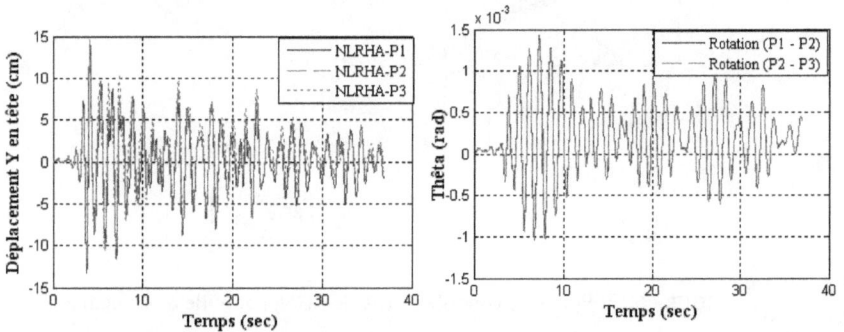

(a) Histoire des déplacements pour trois points de contrôle et de rotations entre les point de contrôle (*PGA*)

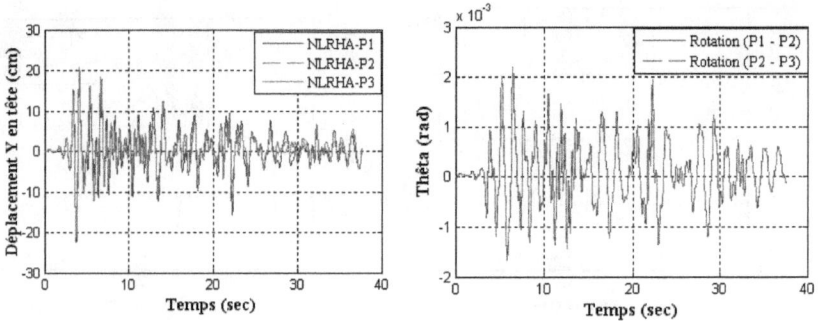

(b) Histoire des déplacements pour trois points de contrôle et de rotations entre les point de contrôle (*2xPGA*)

FIGURE 6.15: Histoire de déplacement de trois points en tête de l'Hôtel de Ville de Grenoble dans la direction Y

Dans la direction Y et pour les deux niveaux de *PGA*, des écarts entre les déplacements pour les différents points de contrôle du toit sont observés aux niveaux des pics en déplacement. En calculant la rotation entre les points (P1, P2) et (P2, P3), nous trouvons que la rotation maximale du toit de l'Hôtel de Ville de Grenoble est de $1.5\,milli-rad$ et de $2\,milli-rad$ pour les deux niveaux de *PGA* respectivement. La différence entre les déplacements de ces points signifie que le mode 2, qui domine le mouvement dans la direction Y, est un mode de flexion selon Y avec une rotation ce que confirme l'analyse modale préliminaire. Les déplacements maximaux sont de $14.45\,cm$ et $20.99\,cm$ obtenus aux instants $t = 4.12\,s$ et $t = 3.78\,s$ pour les deux niveaux d'accélération, respectivement.

En ce qui concerne les résultats globaux en termes de déplacements différentiels entre étages, qui est souvent considéré comme un indicateur pertinent pour quantifier le dommage subi par les bâtiments, les valeurs maximales sont de 0.31% et 0.48% dans les directions X et Y, pour le premier niveau d'accélération. L'interprétation de ces valeurs sera détaillée ci-après par rapport aux valeurs limites prescrites dans trois normes afin de statuer sur le niveau de dégradation subi par le bâtiment. Les valeurs pour le premier niveau d'accélération montrent un faible niveau de dommage. Par contre, pour le deuxième niveau d'accélération, les valeurs maximales du déplacement différentiel entre étages sont de 0.58% et 0.75% dans les directions X et Y respectivement ce qui indique que l'Hôtel de ville de Grenoble a subi des endommagements plus importants.

Dans la suite, les résultats globaux de l'analyse dynamique non linéaire en termes de déplacements et de déplacements différentiels entre les étages sont utilisés comme résultats de référence pour valider la méthode d'analyse modale non linéaire découplée modifiée (M-UMRHA).

6.6.2 Résultats locaux

Pour le premier niveau d'accélération (PGA), les dégradations locales prospectées sont l'initiation de la fissuration et l'atteinte du pic en compression dans le béton des voiles constituant les piles de la structure, la déformation des armatures dans les piles des deux premiers étages courants au-dessus de la dalle de transition et la déformation en compression dans le béton des poutres et des poteaux de la structure. La Figure (6.16) exhibe les zones où le béton a atteint en un instant de l'histoire le critère de fissuration, en séparant sur cette figure, à gauche la partie basse du bâtiment (en-dessous de la dalle de transition) et à droite la partie haute du bâtiment (au-dessus de la dalle de transition) ; le dernier étage, considéré comme élastique n'est pas représenté.

Nous constatons que ces zones sont étendues malgré un endommagement global du bâtiment que nous avons précédemment caractérisé comme faible. Ceci souligne le fait qu'il s'agit bien d'un début d'endommagement et que la structure garde une capacité structurale importante au-delà de ce point de fissuration. Nous pouvons également remarquer qu'une zone de fissuration importante est exhibée en-dessous du dernier étage considérée comme élastique. Ce résultat artificiel nous paraît être la conséquence d'un contraste de rigidité importante entre le dernier étage considéré comme élastique et l'avant dernier étage qui s'assouplit lors de la fissuration. Ce contraste s'amplifie au cours de la simulation ce qui expliquerait la concentration artificielle de la fissuration dans cette zone.

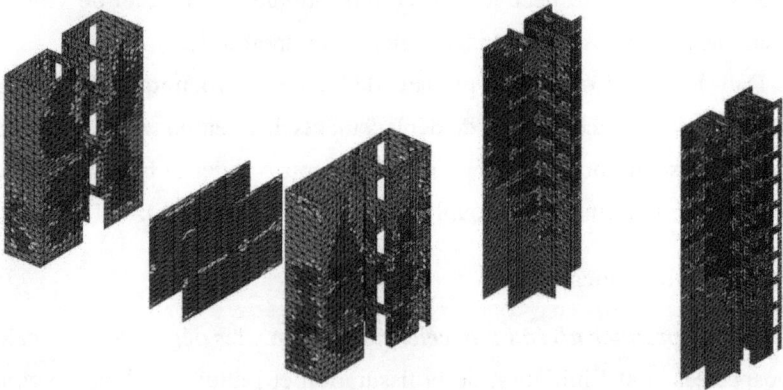

FIGURE 6.16: Initiation de la fissuration dans le béton des voiles

Les déformations en compression dans le béton et en traction dans les aciers permettent une quantification plus pertinente des dégradations subies par la structure. La Figure (6.17) montre les déformations de compression dans le béton dans les parties basse et haute du bâtiment en fin de calcul. Soulignons que les déformations visualisées, dans le béton des voiles, sont des déformations maximales au cours du calcul, les rapprochant d'une notion d'indicateur de dommage comme cela est le cas pour des modèles basés sur la théorie de l'endommagement. L'histoire des dégradations est bien prise en compte dans ces déformations grâce au stockage en mémoire des valeurs maximales de déformations.

Nous constatons que les zones de forte compression sont localisées :

– au-dessus de la dalle de transition sur plusieurs étages (principalement les deux premiers)

– en-dessous de la dalle de transition au niveau de l'étage rez-de-chaussée 2 (RDC2) qui a une hauteur double des autres étages

– en général, aux niveaux des trémies que ce soient en parties basse ou haute.

Il faut également remarquer que la partie sous-sol (SS) et rez-de-chaussée 1 (RdC1) du bâtiment semble peu endommagé par rapport au RdC2. Cela pourrait s'expliquer par la différence de rigidité entre ces deux parties, le SS et le RdC1 comprenant en plus des piles, des voiles supplémentaires et des poteaux, ce qui n'est plus le cas pour le RdC2, qui par ailleurs est d'une hauteur sous plafond double.

FIGURE 6.17: Déformations de compression maximale dans le béton des voiles

Les déformations dans les armatures des deux premier étages nommés (2 et 3) au-dessus de la dalle de transition, représentées sur la Figure (6.18) confirment la localisation des dégradations principales, situées aux niveaux des trémies. Les armatures sont plastifiées à un niveau de 0.25%. Les niveaux maximaux observés en valeur absolue sont de 0.8% dans les deux premiers étages courants. Notons que les déformations des armatures de voiles sont des déformations à l'instant de pic en déplacement.

Nous constatons que la déformation en compression en valeur absolue est limitée à 0.8%. Par ailleurs, la déformation maximale en traction atteint 0.7% ce qui indique que les aciers ont plastifié, mais le dommage des aciers reste assez faible par rapport à la déformation ultime qui est égale à 5%.

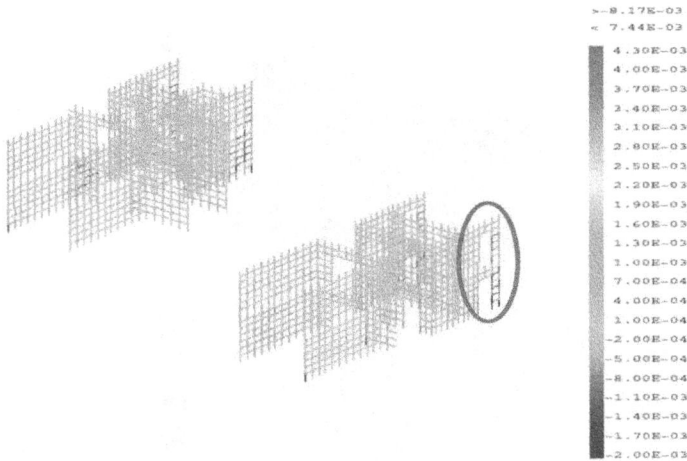

FIGURE 6.18: Déformations dans les armatures des voiles (étages 2 et 3)

En ce qui concerne les dommages des éléments poutres multifibres, la Figure (6.19) montre les déformations de compression dans le béton de l'ensemble des poutres et des poteaux de l'Hôtel de ville de Grenoble. L'étage le plus endommagé est l'étage 2 (le premier étage au-dessus de la dalle de transition) avec des déformations de compression atteignant 0.16% à la base des poteaux.

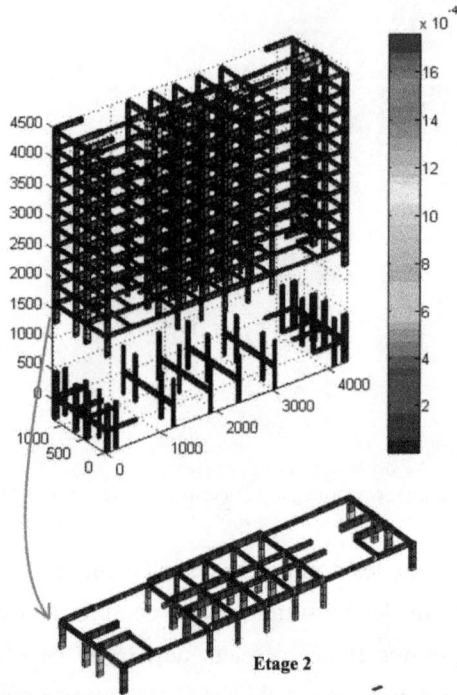

FIGURE 6.19: Déformations dans le béton des poutres et des poteaux

Comme indiqué précédemment, la loi de comportement de béton des voiles "Béton-INSA" prédit les dégradations locales dans le matériau béton au cours du chargement sismique. Nous allons présenter les déformations dans le béton des voiles en traçant les courbes de déformation maximale en compression et en traction sur la hauteur de la structure pour les deux niveaux d'accélération appliqués (*PGA et 2xPGA*). Ces déformations peuvent être considérées comme des indicateurs de dommage local. Ensuite, des indicateurs de localisation sous la forme de pourcentages sont présentés en fonction de la hauteur du bâtiment : ces pourcentages visent à quantifier l'étendue de la zone endommagée sur une certaine hauteur de bâtiment (par exemple sur un étage), en calculant le rapport entre le nombre de points de Gauss dont les déformations excèdent un certain seuil, et le nombre de points de Gauss total.

Concernant *le premier niveau d'accélération PGA*, la Figure 6.20 illustre la déformation maximale dans le béton des voiles sur la hauteur ainsi que le pourcentage relatif aux zones endommagées, définies par des déformations en compression qui dépassent la limite en compression du béton, égale à 0.18%. Le calcul des pourcentages est réalisé par hauteur de 50 *cm*. Plus précisément, pour chaque zone de hauteur égale à 50 *cm*, la déformation maximale est calculée et tracée sur le graphique de gauche. Par ailleurs, nous cherchons à évaluer l'étendue de ces dégradations. Pour chaque zone de hauteur égale à 50 *cm*, nous calculons le rapport entre le nombre de points de Gauss concernés par le dépassement du seuil de déformation en compression et le nombre de points Gauss total dans la zone de calcul. Les pourcentages obtenus sont tracés en fonction de la hauteur du bâtiment sur le graphique de droite. Nous pouvons constater que les zones de dépassement du pic de déformation en compression se situent dans les zones en-dessous et au-dessus de la dalle précontrainte. Les valeurs extrêmes de déformation dans le béton excèdent largement la valeur seuil (déformation de pic en compression) mais cela concerne des pourcentages assez faibles, exhibant le fait que la dégradation est assez localisée.

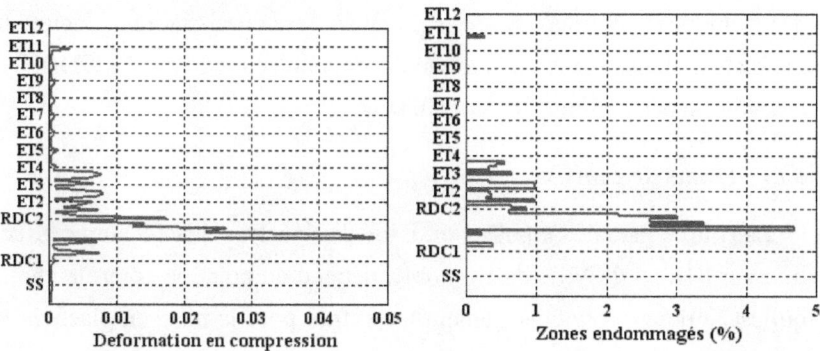

FIGURE 6.20: Déformations en compression et le pourcentage de zones endommagées dans le béton des voiles (*PGA*)

Pour le deuxième niveau d'accélération 2*xPGA*, la Figure 6.21 montre la déformation maximale en compression dans le béton des voiles. Il est clair que le niveau de dommage augmente et se propage sur les étages.

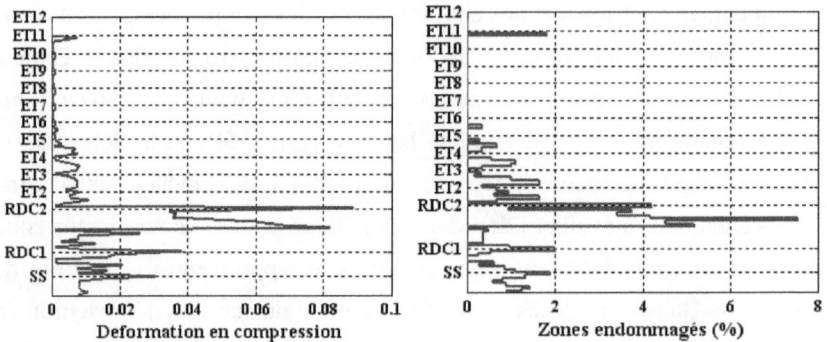

FIGURE 6.21: Déformations en compression et le pourcentage de zones endommagées dans le béton des voiles (2*xPGA*)

6.7 Analyse modale non linéaire découplée modifiée (M-UMRHA)

Les temps de calculs et les demandes de stockage requis par la méthode d'analyse dynamique non linéaire deviennent rédhibitoires pour des structures complexes, en particulier si l'on souhaite investiguer l'influence de l'aléa externe (panel d'accélérogrammes). C'est pourquoi nous explorons des méthodes simplifiées basées sur une analyse quasi-statique, comme la méthode d'analyse modale non linéaire découplée modifiée (M-UMRHA) que nous avons présentée précédemment.

6.7.1 Points de contrôle

La courbe modale de pushover, issue de l'analyse quasi-statique effectuée sur l'Hôtel de Ville de Grenoble, dépend du point de contrôle choisi qui est le point où le déplacement est extrait pour la mise en place de la courbe de pushover. Afin de détecter la rotation en tête exhibée par les résultats globaux de l'analyse dynamique non linéaire ainsi que d'étudier l'influence des points de contrôle dans la procédure M-UMRHA, treize points de contrôle sont considérés en tête du bâtiment et précisés sur la Figure 6.22.

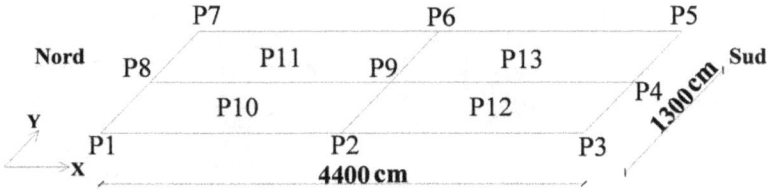

FIGURE 6.22: Points de contrôle en chaque étage

6.7.2 Répartition des efforts modaux pour les deux premiers modes de flexion

Les courbes de chargement monotones sont déduites pour les deux premiers modes de flexion. Le produit de la matrice de masse et de la déformée modale $m\phi_n$ donne la répartition des efforts appliqués sur le bâtiment durant l'analyse quasi-statique.

6.7.2.1 Premier mode : flexion longitudinale

Les forces appliquées selon le premier mode de vibration $s_1^* = m\phi_1$ sur la structure sont présentées pour l'ensemble des nœuds du maillage car la matrice de masse est consistante. La répartition géométrique d'efforts est illustrée sur la Figure 6.23. Les forces sont appliquées selon deux possibilités, avec un signe positif $(s_1^* = +m\phi_1)$ ou un signe négatif $(s_1^* = -+m\phi_1)$. Les courbes de pushover modal montrées sur la Figure 6.24, sont issues de l'analyse quasi-statique en considérant le déplacement en tête au point de contrôle P1 de la Figure 6.22 dans les directions $+X$, $-X$, $+Y$ et $-Y$. Comme cela a été remarqué lors l'analyse modale (Section 6.4), le premier mode contribue à la réponse globale de la structure beaucoup plus dans la direction X que dans la direction Y, donc le premier mode est considéré comme dominant dans la direction X. En ce qui concerne l'influence du signe des forces appliquées,

195

la comparaison des courbes de pushover extraites dans la direction $+X$ et $-X$ (Figure 6.24) indique que la différence entre les deux courbes varie de 0 à 10% pour la force à la base. Cette différence peut être considérée assez faible et n'a pas de conséquence sur la réponse globale de la structure.

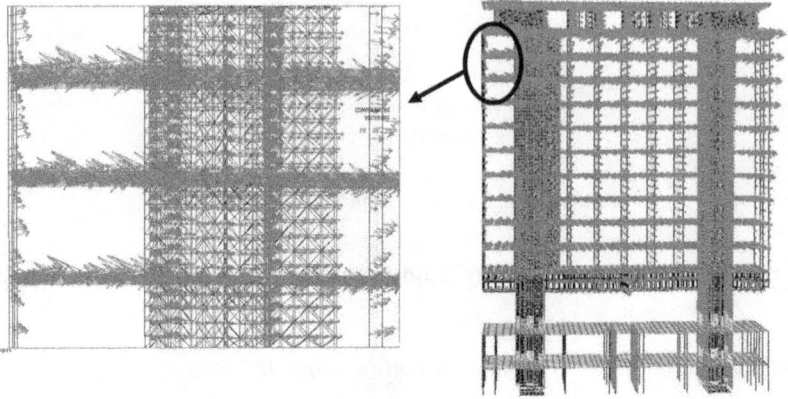

FIGURE 6.23: Forces modales suivant le premier mode

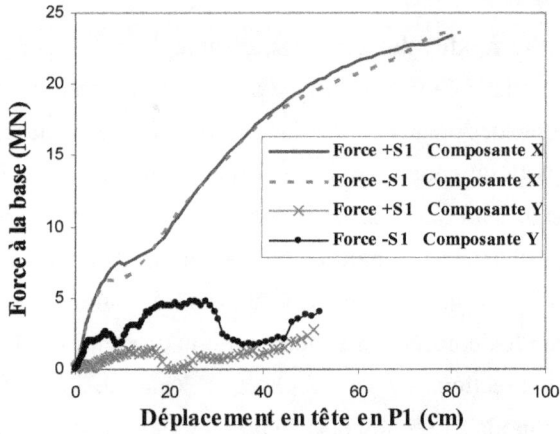

FIGURE 6.24: Courbe de pushover suivant S_1 et $-S_1$ de Mode 1

Les courbes de chargement monotone pour les 13 points de contrôle en tête du bâtiment sont présentées sur la Figure 6.25. Les courbes relatives aux 13 points sont quasiment confondues car le mode de flexion est essentiellement dans un plan (X, Z) ne faisant pas apparaitre de mouvement hors plan.

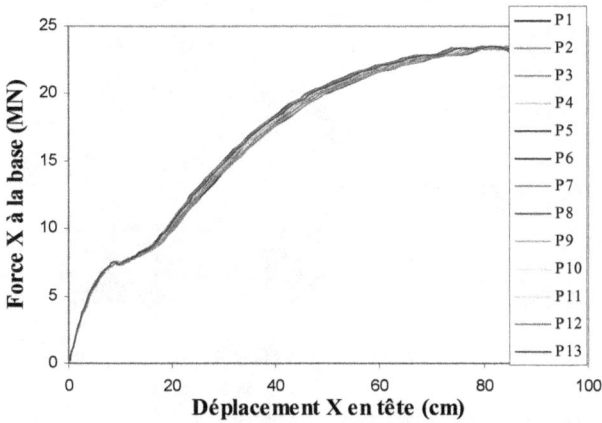

FIGURE 6.25: Courbe de pushover suivant X - Mode 1 (13 points)

6.7.2.2 Deuxième mode : flexion transversale La Figure 6.26 montre la répartition des forces appliquées sur le bâtiment durant l'analyse quasi-statique selon le deuxième mode de vibration $s_2^* = m\phi_2$.

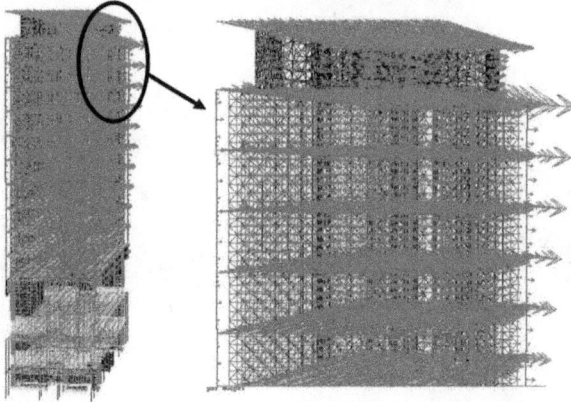

FIGURE 6.26: Forces modales suivant le deuxième mode

Les courbes de chargement monotone dans les directions $(+X, +Y)$ en appliquant les forces $(s_2^* = +m\phi_2)$ sont obtenues en extrayant l'effort à la base selon les directions X et Y, tandis que les courbes de chargement monotones dans les directions $(-X, -Y)$ sont obtenues en extrayant les efforts tranchants selon les deux directions pour un effort appliqué défini par la répartition $(s_2^* = -m\phi_2)$. Ces courbes sont illustrées sur la Figure 6.27. Ces courbes représentent la force à la base en fonction du déplacement en tête au point de contrôle P1. Remarquons que le deuxième mode est dominant dans la direction Y du fait qu'il contribue beaucoup plus dans la direction Y que dans la direction X. Nous notons également que la différence entre les deux courbes obtenues dans les directions $+Y$ et $-Y$ varie de 0 à 35% pour la force à la base.

Cette différence est plus importante que celle trouvée entre les courbes issues du premier mode (Figure 6.24), puisque le deuxième mode comprend un mouvement de rotation autour l'axe verticale Z.

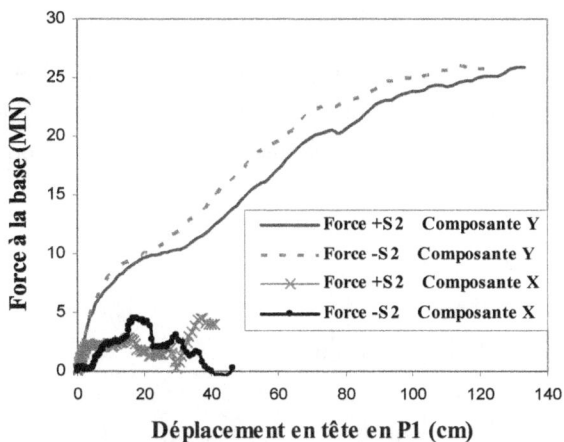

FIGURE 6.27: Courbe de pushover suivant S_2 et $-S_2$ de Mode 2

La courbe de chargement monotone modal suivant le second mode de flexion est présentée sur la Figure 6.28 pour les 13 points de contrôle en tête du bâtiment. Les courbes relatives aux 13 points diffèrent notablement : le mode de flexion est essentiellement dans le plan (Y, Z) mais exhibe aussi des mouvements hors plans, avec une rotation de la dalle supérieure du bâtiment.

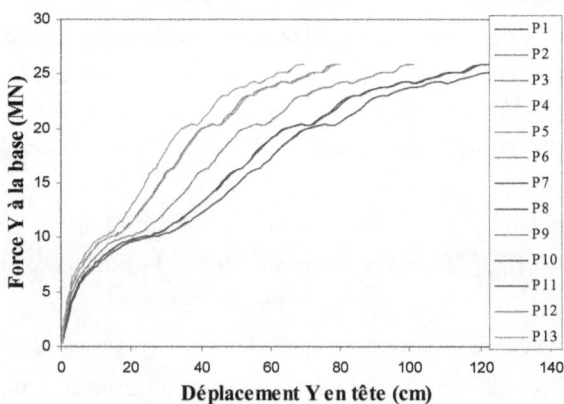

FIGURE 6.28: Courbe de pushover suivant Y - Mode 2 (13 points)

6.7.3 Combinaison des modes

Dans le cas d'une recombinaison modale classique lorsque la structure est linéaire, la réponse temporelle totale en termes de déplacements est évaluée en combinant les déplacements de l'ensemble des modes :

$$u(t) = \sum_{n=1}^{N} \Gamma_n \phi_n D_n(t) \tag{6.2}$$

Dans le cas de l'approche simplifiée proposée dans ce travail, désignée par M_UMRHA, la combinaison des réponses modales pour l'Hôtel de Ville de Grenoble est effectuée en considérant les deux premiers modes comme "non linéaires" dans le sens où l'histoire du déplacement est obtenue via la réponse d'un système non linéaire à 1ddl tandis que les déplacements en temps des autres modes sont calculés à l'aide un système linéaire à 1ddl. Le déplacement total s'écrit alors comme la somme de contributions non linéaires et linéaires :

$$u(t) = \sum_{n=1}^{2} \Gamma_n \phi_n D_n^{NL}(t) + \sum_{n=3}^{22} \Gamma_n \phi_n D_n^{L}(t) \tag{6.3}$$

où Γ_n est le facteur de participation modale, ϕ_n est le mode propre de vibration d'ordre n, $D_n^{L}(t)$ et $D_n^{NL}(t)$, est l'histoire de déplacement du système à un degré de liberté linéaire et non linéaire respectivement, associé au mode de vibration n.

Dans la direction X, le déplacement total $u_x(t)$ s'écrit alors :

$$u_x(t) = \Gamma_1 \phi_{1,x} D_1^{NL}(t) + \Gamma_2 \phi_{2,x} D_2^{NL}(t) + \sum_{n=3}^{22} \Gamma_n \phi_{n,x} D_n^{L}(t) \tag{6.4}$$

où $\phi_{n,x}$ est le vecteur des composantes dans la direction X du mode propre d'ordre n. Pour l'Hôtel de ville de Grenoble, le premier mode (mode de flexion longitudinale suivant X) est largement dominant, le premier terme de l'équation précédente pilote à plus de 95% la réponse totale du bâtiment selon X.

Il est important de noter que les réponses des systèmes à un degré de liberté linéaire $D_n^L(t)$ et non linéaire $D_n^{NL}(t)$ sont obtenues en appliquant le séisme bidirectionnel constitué par deux accélérogrammes synthétiques qui sont appliqués dans les directions X (Nord-Sud) et Y (Est-Ouest). Par conséquent, l'équation 3 peut être détaillée par :

$$
\begin{aligned}
u_x(t) \;=\; & \Gamma_{1,x}\phi_{1,x}D_{1,x}^{NL}(t) + \Gamma_{1,y}\phi_{1,x}D_{1,y}^{NL}(t) + \\
& \Gamma_{2,x}\phi_{2,x}D_{2,x}^{NL}(t) + \Gamma_{2,y}\phi_{2,x}D_{2,y}^{NL}(t) + \\
& \sum_{n=3}^{22}\Gamma_{n,x}\phi_{n,x}D_{n,x}^{L}(t) + \sum_{n=3}^{22}\Gamma_{n,y}\phi_{n,x}D_{n,y}^{L}(t)
\end{aligned} \tag{6.5}
$$

où $D_{1,x}^{NL}(t)$, $D_{1,y}^{NL}(t)$ représentent les réponses des systèmes à 1ddl issus de l'analyse quasi-statique suivant le premier mode, et soumis aux accélérations selon X et Y. Dans cette expression, les facteurs de participation modales sont calculés vis-à-vis de l'accélération selon X, $\Gamma_{1,x}$ noté pour le premier mode, et l'accélération selon Y, $\Gamma_{1,y}$ noté pour le premier mode. Dans le cas du premier mode essentiellement selon X, il est clair que le facteur de participation $\Gamma_{1,y}$ sera négligeable par rapport au facteur de participation $\Gamma_{1,x}$. Par conséquent, la contribution relative au mode 1 et à l'accélération selon Y sera très faible dans l'expression précédente. De même, pour le mode 2 essentiellement selon Y, le facteur de participation $\Gamma_{2,x}$ sera négligeable par rapport au facteur de participation $\Gamma_{2,y}$: le terme $\Gamma_{2,y}\phi_{2,x}D_{2,y}^{NL}(t)$ sera dominant pour le mode 2 dans l'expression précédente par rapport au terme $\Gamma_{2,x}\phi_{2,x}D_{2,x}^{NL}(t)$. Néanmoins, les composantes selon X du mode de vibration 2 $\phi_{2,x}$ étant faibles, le terme dominant dans le déplacement total selon X restera le terme $\Gamma_{1,x}\phi_{1,x}D_{1,x}^{NL}(t)$ qui correspond à la réponse du mode 1 suivant une accélération à la base dans la direction X.

Dans la direction Y, le deuxième mode de vibration (mode de flexion transversale) est dominant dans la direction Y. Le déplacement total selon Y s'écrit :

$$u_y(t) = \Gamma_1 \phi_{1,y} D_1^{NL}(t) + \Gamma_2 \phi_{2,y} D_2^{NL}(t) + \sum_{n=3}^{22} \Gamma_n \phi_{n,y} D_n^L(t) \qquad (6.6)$$

Sous le séisme bidirectionnel appliqué sur l'Hôtel de Ville de Grenoble, la réponse totale dans la direction Y est donc donnée plus précisément par l'expression ci-dessous :

$$
\begin{aligned}
u_y(t) \;=\; & \Gamma_{1,x} \phi_{1,y} D_{1,x}^{NL}(t) + \Gamma_{1,y} \phi_{1,y} D_{1,y}^{NL}(t) + \\
& \Gamma_{2,x} \phi_{2,y} D_{2,x}^{NL}(t) + \Gamma_{2,y} \phi_{2,y} D_{2,y}^{NL}(t) + \\
& \sum_{n=3}^{22} \Gamma_{n,x} \phi_{n,y} D_{n,x}^L(t) + \sum_{n=3}^{22} \Gamma_{n,y} \phi_{n,y} D_{n,y}^L(t)
\end{aligned} \qquad (6.7)
$$

De nouveau, le deuxième mode est dominant dans la direction Y et les autres modes ont très peu d'influence sur la réponse globale de la structure en termes de déplacements dans la direction Y. Le terme dominant dans cette expression sera $\Gamma_{2,y} \phi_{2,y} D_{2,y}^{NL}(t)$ qui correspond à la réponse du mode 2, essentiellement selon Y, soumis à une accélération selon Y.

6.8 Validation de l'analyse modale non linéaire découplée modifiée (M-UMRHA)

L'Hôtel de Ville de Grenoble est soumis au séisme bidirectionnel en considérant deux niveaux d'accélération (*PGA et* $2xPGA$) afin de valider la méthode proposée M-UMRHA par rapport à la méthode de référence représenté par l'analyse dynamique non linéaire NLRHA. La méthode d'analyse modale non linéaire découplée modifiée est appliquée sur le bâtiment en utilisant les cinq approches pour un système à un degré de liberté : le modèle élasto-plastique proposé par Chopra *et al.* (2001), les deux autres modèles élasto-plastiques avec des courbes enveloppes différentes, le modèle hystérétique modifié de Takeda et le modèle simplifié basé sur la dégradation de fréquence en fonction d'un indicateur de dommage.

Les comparaisons des résultats obtenus de ces deux méthodes sont en termes de déplacements en tête, de déplacements maximaux en chaque étage et de déplacements différentiels entre les étages. Le déplacement différentiel entre les étages est utilisé par la suite comme un indicateur de dommage pour évaluer le niveau de dommage global subi par la structure.

Le pourcentage d'erreurs entre les résultats obtenus par la méthode M-UMRHA et ceux obtenus par la méthode dynamique non linéaire NLRHA sont calculées à chaque étage en termes de déplacements et de déplacements différentiels entre étages par :

$$erreur(\%) = \frac{r_2 - r_1}{r_1} * 100 \tag{6.8}$$

où r_1 et r_2 sont les valeurs calculées par la méthode NLRHA et la méthode M-UMRHA respectivement.

6.8.1 Comparaison dans la direction longitudinale X

La Figure 6.25 montre que les courbes de chargement monotone suivant le premier mode sont quasiment identiques pour l'ensemble des points de contrôle. On considère ici la courbe de chargement monotone fournie par le déplacement en P1, point dont la localisation est illustrée sur la Figure 6.22. Par ailleurs, les différentes comparaisons concernant les résultats en termes de déplacements montrés par la suite sont relatives au point P2.

Pour le premier niveau d'accélération *PGA*, la Figure 6.29 représente la comparaison du déplacement en temps dans la direction *X* du point P2 de la dalle du dernier étage entre les deux méthodes NLRHA et M-UMRHA en utilisant les cinq modèles non linéaires à un degré de liberté présentés précédemment.

Nous remarquons que l'histoire de déplacement en tête obtenue par la méthode M-UMRHA en utilisant le modèle à fréquence dégradée $f(X)$ est en bon accord avec celle issue de la méthode dynamique non linéaire NL-RHA. Notons que les niveaux des pics en déplacements et les fréquences de vibration sont globalement assez bien reproduits.

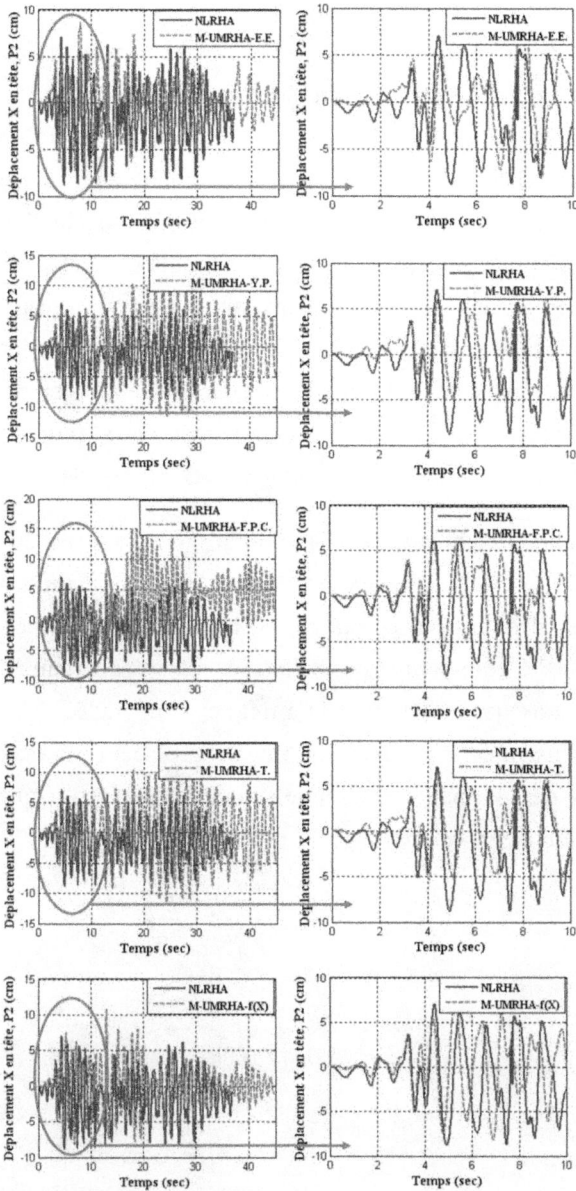

FIGURE 6.29: Comparaison du déplacement en temps en tête du point P2 issus de deux méthodes NLRHA et M-UMRHA (utilisant cinq approches), dans la direction X

Les pourcentages d'erreurs entre les résultats déterminés par les deux méthodes d'analyse en termes de déplacements maximaux aux étages et de déplacements différentiels entre les étages dans la direction X, pour le premier niveau d'accélération *PGA*, sont résumés dans le Tableau 6.5. Les erreurs de la méthode M-UMRHA en utilisant le modèle de fréquence dégradée $f(X)$ sont inférieures aux erreurs issues du modèle d'énergie équivalente (E.E.) pour les déplacements différentiels entre étages. Par contre, les erreurs en termes de déplacements aux étages en utilisant le modèle $f(X)$ sont plus élevées que celles issues du modèle EE. Cet écart entre les déplacements aux étages et les déplacements différentiels entre étages peut être expliqué par le fait que les valeurs maximales ne se produisent pas aux mêmes instants.

La surestimation du modèle $f(X)$ pour les déplacements aux étages varie entre 3.5% et 24.5%. En ce qui concerne les déplacements différentiels entre étages, dans les étages inférieurs, le modèle surestime ces valeurs de 1, .3% à 16% et les sous-estime dans les étages supérieurs de -2.8% à -21%. En conséquence, le modèle à fréquence dégradée $f(X)$ donne des résultats suffisamment précis en termes de déplacements maximaux aux étages et de déplacements différentiels entre les étages lorsque l'on compare à la méthode de référence.

TABLE 6.5: Erreurs pour les déplacements maximaux en étages et les déplacements différentiels entre étages dans la direction X (*PGA*)

Etage	Erreur (%) - Déplacement X					Erreur (%) - Déplacement différentiel entre étages				
	E.E.	Y.P.	F.P.C.	T.	f(X)	E.E.	Y.P.	F.P.C.	T.	f(X)
SS	-17.54	9.64	43.45	17.23	3.47	-17.54	9.64	43.45	17.23	3.47
RDC1	-10.74	18.67	55.27	21.64	11.98	-8.53	21.62	59.12	23.06	14.76
RDC2	-4.72	26.68	65.74	14.31	19.54	-7.05	23.57	61.68	3.64	16.61
Etage 2	-4.67	26.74	65.83	27.96	19.60	-11.40	17.80	54.13	50.38	11.18
Etage 3	-3.86	27.82	67.24	29.25	20.62	-13.60	14.88	50.30	16.66	8.40
Etage 4	-1.15	31.43	71.96	32.61	24.02	-12.96	15.72	51.40	15.88	9.19
Etage 5	-0.75	31.96	72.65	33.11	24.52	-13.86	14.53	49.85	15.37	8.07
Etage 6	-1.10	31.49	72.04	32.47	24.08	-19.27	7.34	40.44	7.42	1.29
Etage 7	-1.16	31.41	71.94	32.56	24.00	-22.51	3.03	34.80	4.75	-2.78
Etage 8	-1.29	31.24	71.71	32.37	23.84	-24.89	-0.14	30.65	0.64	-5.77
Etage 9	-1.59	30.84	71.19	31.97	23.46	-27.48	-3.58	26.16	-2.71	-9.01
Etage 10	-1.99	30.30	70.49	31.40	22.96	-29.33	-6.04	22.93	-5.45	-11.34
Etage 11	-3.58	28.20	67.73	29.79	20.97	-37.80	-17.31	8.20	-12.52	-21.97
Etage 12	-1.95	30.36	70.56	30.86	23.01	-13.64	14.81	50.22	0.93	8.34

Les déplacements maximaux à chaque étage, en utilisant les cinq approches pour le système à un degré de liberté de la méthode M-UMRHA, sont confrontés aux résultats de référence de la méthode NLRHA pour deux niveaux d'accélération (*PGA et* 2*xPGA*) sur la Figure 6.30.

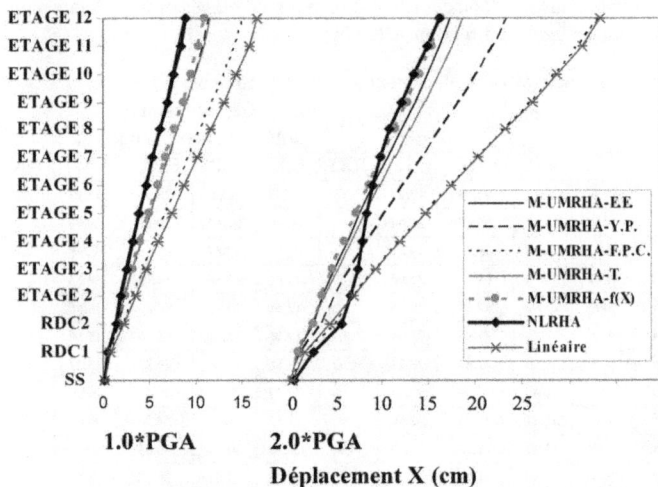

FIGURE 6.30: Comparaison des déplacements maximaux pour les deux niveaux de *PGA* - Direction *X*

Sur la Figure 6.30, les valeurs de déplacements en étages obtenus à partir d'une procédure linéaire sont comparées avec les résultats non linéaires. La procédure linéaire est une analyse modale classique réalisée en faisant la somme des contributions modales dans le domaine temporel. La différence entre les résultats linéaires et non linéaires montre clairement que la structure est dans un domaine inélastique. Ainsi, l'analyse linéaire ne peut pas être utilisée pour reproduire le comportement réel de la structure.

Pour le premier niveau d'accélération ($1xPGA$), nous trouvons que la courbe du modèle d'énergie équivalente (E.E.) est confondue avec celle de la méthode NLRHA. Par ordre de qualité de résultats, le modèle $f(X)$ se classe deuxième. Notons que pour le deuxième niveau d'accélération ($2xPGA$), l'allure de la courbe de la méthode NLRHA au niveau de la dalle de transition est différente de celles obtenues par la méthode M-UMRHA. Cette différence qui apparaît à un niveau élevé de l'accélération peut s'expliquer par la différence de rigidité entre les parties au-dessus et en-dessous de la dalle. Il est clair que le modèle $f(X)$ reproduit bien les déplacements en étages surtout dans les étages supérieurs.

La Figure 6.31 représente les déplacements différentiels entre étages pour deux niveaux d'accélération (PGA et $2xPGA$). L'indicateur de dommage considéré dans cette étude est la valeur de déplacement différentiel entre étages. Les valeurs maximales de cet indicateur suivant chaque méthode d'analyse sont confrontées sur la Figure 6.32. Il est à noter que le déplacement différentiel maximal entre étages obtenu par la méthode M-UMRHA en utilisant le modèle $f(X)$ est proche de celui prédit par le calcul de référence (NLRHA) pour le premier niveau de PGA. Néanmoins, pour le deuxième niveau de PGA, le modèle de Takeda est plus précis que le modèle $f(X)$. La valeur maximale de cet indicateur est trouvée dans le septième étage en utilisant la méthode M-UMRHA, tandis que la méthode NLRHA prévoit la valeur maximale à l'étage 11 et à l'étage 8 pour les deux niveaux de PGA respectivement.

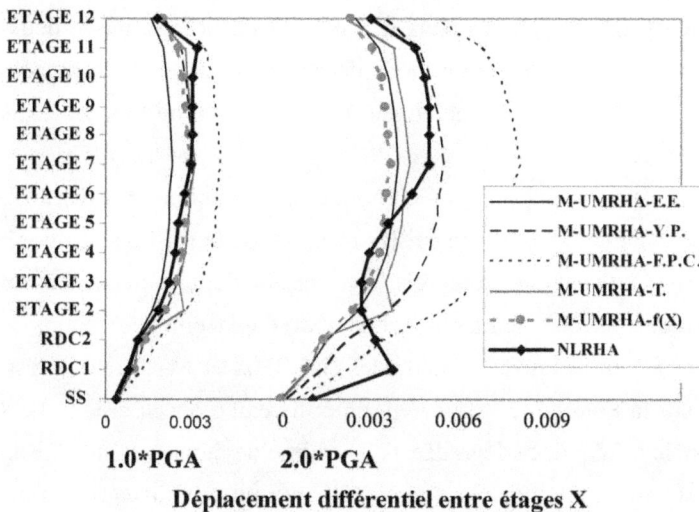

FIGURE 6.31: Comparaison des déplacements différentiels entre étages pour les deux niveaux de PGA - Direction X

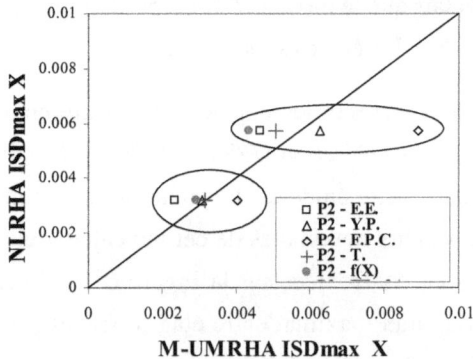

FIGURE 6.32: Les déplacements différentiels maximaux entre étages pour les deux niveaux de *PGA* - Direction *X*

6.8.2 Comparaison dans la direction transversale Y

Pour les courbes de pushover transversales (suivant le mode de flexion dans la direction *Y*), nous avons choisi, comme pour la direction *X*, la courbe de pushover modal au point de contrôle P1 qui correspond aux déplacements les plus grands dans la direction *Y*. Notons que le deuxième mode de vibration, qui est un mode de flexion transversal dominant dans la direction *Y*, comprend également un mouvement de torsion. Ce mouvement est considéré assez faible en tête de l'Hôtel de Ville de Grenoble qui est un bâtiment quasi-symétrique. C'est pourquoi le choix arbitraire du point de contrôle n'a pas une influence importante sur les résultats de la méthode proposée M-UMRHA. Ces résultats temporels en termes de déplacements sont relatifs au point de contrôle P2. La comparaison du déplacement en temps en tête du point P2 entre les deux méthodes (NLRHA et M-UMRHA) est présentée sur la Figure 6.33 pour le premier niveau d'accélération ($1xPGA$). Le modèle à fréquence dégradée $f(X)$ estime de façon très satisfaisante le déplacement en tête dans la direction *Y*, surtout aux niveaux des pics de déplacement qui sont très proches de ceux obtenus par la méthode dynamique non linéaire (NLRHA).

210

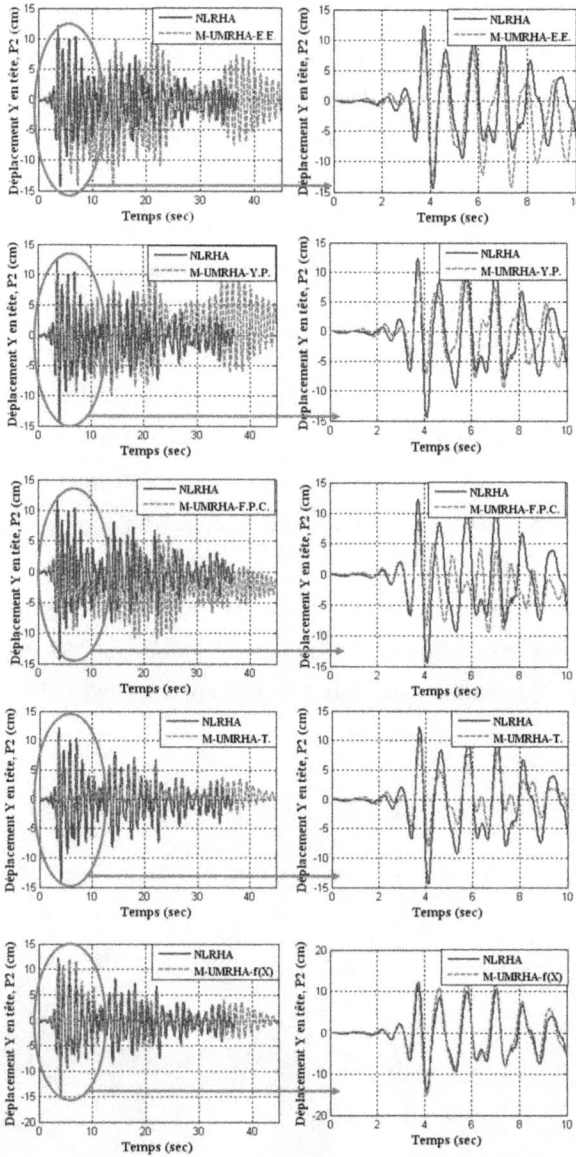

FIGURE 6.33: Comparaison du déplacement en temps en tête du point P2 issus de deux méthodes NLRHA et M-UMRHA (utilisant cinq approches) - Direction Y

211

Pour le premier niveau d'accélération ($1xPGA$), le Tableau 6.6 résume les pourcentages d'erreurs en termes de déplacements maximaux en étages et de déplacements différentiels entre étages dans la direction Y en utilisant les deux méthodes d'analyse. Comme cela a été constaté dans la direction X, nous trouvons que le modèle $f(X)$ estime mieux les résultats de la méthode NLRHA : en effet, les erreurs sur les déplacements différentiels sont les plus faibles. Par contre, les erreurs en termes de déplacements en étages sont plus faibles en utilisant le modèle d'énergie équivalente (E.E.).

Le modèle à fréquence dégradée $f(X)$ surestime les valeurs de déplacements en étages de 4.2% à 123%, exhibant des valeurs élevées d'erreurs dans la partie inférieure de la structure. Néanmoins, nous considérons que ces valeurs élevées ne compromettent pas l'efficacité du modèle $f(X)$, puisque la partie inférieure du bâtiment ne concerne que des déplacements très faibles, ce qui est montré sur la Figure 6.34. En ce qui concerne les déplacements différentiels entre étages, le modèle $f(X)$ sous-estime ces valeurs -2% à -19.5%. Par conséquent, le modèle à fréquence dégradée $f(X)$ donne des résultats satisfaisants par rapport à la méthode d'analyse dynamique non linéaire (NLRHA).

TABLE 6.6: Erreurs pour les déplacements maximaux en étages et les déplacements différentiels entre étages dans la direction Y (*PGA*)

Etage	Erreur (%) - Déplacement Y					Erreur (%) - Déplacement différentiel entre étages				
	E.E.	Y.P.	F.P.C.	T.	f(X)	E.E.	Y.P.	F.P.C.	T.	f(X)
SS	108.17	64.29	60.86	55.82	121.63	108.17	64.29	60.86	55.82	121.63
RDC1	109.88	65.64	62.18	57.10	123.45	110.91	66.45	62.98	57.87	124.55
RDC2	96.06	54.73	51.50	46.75	108.73	92.47	51.90	48.73	44.06	104.91
Etage 2	59.65	25.99	23.37	19.50	69.97	3.53	-18.30	-20.00	-22.51	10.22
Etage 3	41.09	11.35	9.03	5.60	50.21	2.22	-19.33	-21.01	-23.49	8.83
Etage 4	31.16	3.51	1.35	-1.83	39.64	-5.81	-25.66	-27.21	-29.50	0.28
Etage 5	20.48	-4.92	-6.90	-9.83	28.26	-8.06	-27.44	-28.96	-31.19	-2.12
Etage 6	13.55	-10.38	-12.25	-15.01	20.89	-9.22	-28.35	-29.85	-32.05	-3.35
Etage 7	9.16	-13.85	-15.64	-18.29	16.22	-9.56	-28.63	-30.12	-32.31	-3.72
Etage 8	6.02	-16.33	-18.08	-20.65	12.87	-10.60	-29.45	-30.92	-33.08	-4.82
Etage 9	3.41	-18.39	-20.09	-22.60	1.10	-12.40	-30.87	-32.31	-34.43	-6.74
Etage 10	1.22	-20.12	-21.78	-24.24	7.76	-14.80	-32.76	-34.16	-36.23	-9.29
Etage 11	-1.48	-22.25	-23.87	-26.26	4.89	-24.34	-40.29	-41.54	-43.37	-19.45
Etage 12	-2.14	-22.77	-24.38	-26.75	4.18	-14.99	-32.19	-34.31	-36.37	-9.50

La Figure 6.34 présente la comparaison des déplacements maximaux en chaque étage pour deux niveaux d'accélération (*PGA et 2xPGA*) en utilisant la méthode M-UMRHA et la méthode NLRHA, ainsi que les valeurs de déplacements en étages obtenues à partir d'une procédure linéaire.

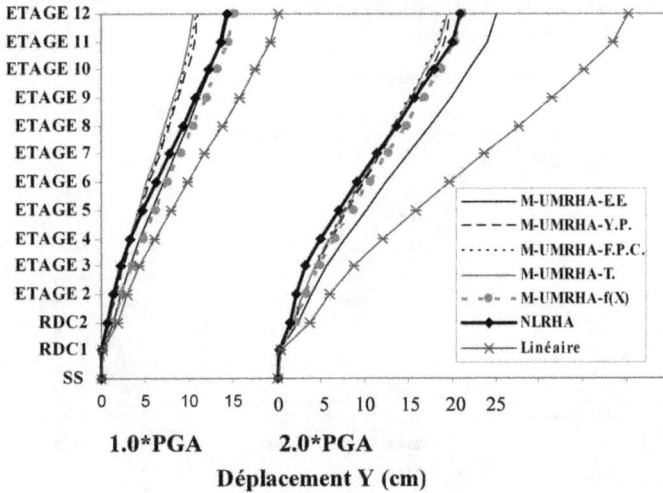

FIGURE 6.34: Comparaison des déplacements maximaux pour les deux niveaux de *PGA* - Direction *Y*

Il est clair que la structure est dans un domaine inélastique en comparant les résultats linéaires et non linéaires. Nous pouvons confirmer que le modèle $f(X)$ donne des résultats intéressants en termes de déplacement en étages pour les deux niveaux d'accélération (*PGA et* 2*xPGA*).

La comparaison entre les déplacements différentiels entre étages pour deux niveaux d'accélération (*PGA et* 2*xPGA*) dans la direction *Y* est illustrée sur la Figure 6.35. Remarquons que les déplacements différentiels entre étages obtenus par la méthode M-UMRHA en utilisant le modèle $f(X)$ sont proches de ceux de la procédure NLRHA pour le premier niveau de *PGA*. Toutefois, pour le deuxième niveau de *PGA*, ces valeurs s'éloignent de celles de la méthode NLRHA dans les étages supérieurs. La Figure 6.36 illustre les valeurs maximales de déplacements différentiels entre étages qui représentent l'indicateur de dommage. La valeur maximale de cet indicateur s'est produite dans le septième étage en utilisant la méthode M-UMRHA avec le modèle $f(X)$.

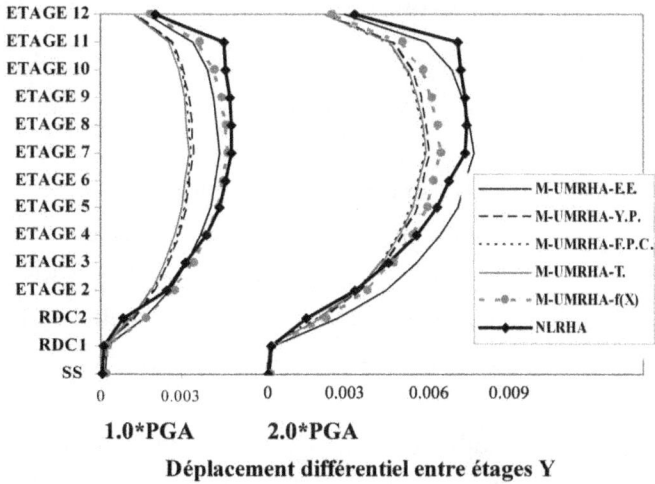

FIGURE 6.35: Comparaison des déplacements différentiels entre étages pour les deux niveaux de *PGA* - Direction *Y*

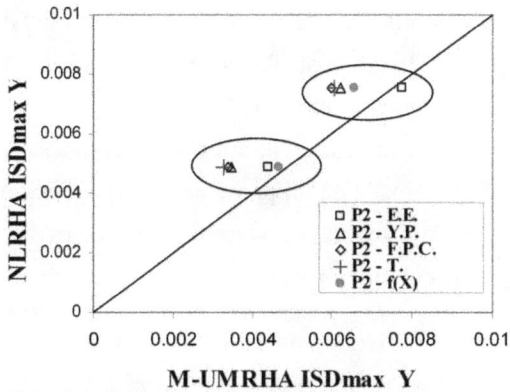

FIGURE 6.36: Les déplacements différentiels maximaux entre étages pour les deux niveaux de *PGA* - Direction *Y*

215

6.9 Effet de l'évoltion des déformées modales sur la réponse globale

Nous considérons dans cette section la dégradation des modes de vibration au cours de l'endommagement de la structure en identifiant cette dégradation à travers le calcul de pushover modal. Comme présenté dans la Section (2.5.4), la prise en compte de la dégradation de la déformée modale et du facteur de participation modale nous permet de calculer la réponse modale adaptative "non linéaire" en utilisant la méthode M-UMRHA. Nous évaluons l'effet de cette dégradation sur la réponse globale de l'Hôtel de ville de Grenoble en termes de déplacements et de déplacements différentiels.

Les trois approches utilisées en évaluant l'effet de la dégradation des deux premiers modes de vibration considérés comme "non linéaires" sont explicitées ci-dessous :

- Les deux premiers modes de vibration sont non évolutifs, correspondant aux déformées modales de l'analyse modale : il s'agit aussi de la déformée obtenue lors du calcul de pushover modal pour les tout premiers pas de chargement (facteur multiplicatif très faible pour la répartition d'efforts $s_1^* = m\phi_1$ ou $s_2^* = m\phi_2$)
- Les deux premiers modes de vibration sont dégradés en fonction d'un indicateur de dommage défini par le déplacement maximum en tête.
- Les deux premiers modes de vibration sont dégradés ainsi que les facteurs de participation modales

Le déplacement total de la structure en considérant le premier cas où la dégradation des modes de vibration n'est pas prise en compte, s'exprime pour les directions X et Y selon les formes suivantes :

216

$$
\begin{aligned}
u_x(t) \;=\; & \Gamma_{1,x}\phi_{1,x}D_{1,x}^{NL}(t) + \Gamma_{1,y}\phi_{1,x}D_{1,y}^{NL}(t) + \\
& \Gamma_{2,x}\phi_{2,x}D_{2,x}^{NL}(t) + \Gamma_{2,y}\phi_{2,x}D_{2,y}^{NL}(t) + \\
& \sum_{n=3}^{22}\Gamma_{n,x}\phi_{n,x}D_{n,x}^{L}(t) + \sum_{n=3}^{22}\Gamma_{n,y}\phi_{n,x}D_{n,y}^{L}(t)
\end{aligned}
\tag{6.9}
$$

$$
\begin{aligned}
u_y(t) \;=\; & \Gamma_{1,x}\phi_{1,y}D_{1,x}^{NL}(t) + \Gamma_{1,y}\phi_{1,y}D_{1,y}^{NL}(t) + \\
& \Gamma_{2,x}\phi_{2,y}D_{2,x}^{NL}(t) + \Gamma_{2,y}\phi_{2,y}D_{2,y}^{NL}(t) + \\
& \sum_{n=3}^{22}\Gamma_{n,x}\phi_{n,y}D_{n,x}^{L}(t) + \sum_{n=3}^{22}\Gamma_{n,y}\phi_{n,y}D_{n,y}^{L}(t)
\end{aligned}
$$

La dégradation des déformées modales en fonction d'un indicateur de dommage pour les deux premiers modes de vibration est considérée dans le deuxième cas. Le déplacement total prend alors la forme suivante :

$$
\begin{aligned}
u_x(t) \;=\; & \Gamma_{1,x}\phi_{1,x}'[X(t)].D_{1,x}^{NL}(t) + \Gamma_{1,y}\phi_{1,x}'[X(t)].D_{1,y}^{NL}(t) + \\
& \Gamma_{2,x}\phi_{2,x}'[X(t)].D_{2,x}^{NL}(t) + \Gamma_{2,y}\phi_{2,x}'[X(t)].D_{2,y}^{NL}(t) + \\
& \sum_{n=3}^{22}\Gamma_{n,x}\phi_{n,x}D_{n,x}^{L}(t) + \sum_{n=3}^{22}\Gamma_{n,y}\phi_{n,x}D_{n,y}^{L}(t)
\end{aligned}
\tag{6.10}
$$

$$
\begin{aligned}
u_y(t) \;=\; & \Gamma_{1,x}\phi_{1,y}'[X(t)].D_{1,x}^{NL}(t) + \Gamma_{1,y}\phi_{1,y}'[X(t)].D_{1,y}^{NL}(t) + \\
& \Gamma_{2,x}\phi_{2,y}'[X(t)].D_{2,x}^{NL}(t) + \Gamma_{2,y}\phi_{2,y}'[X(t)].D_{2,y}^{NL}(t) + \\
& \sum_{n=3}^{22}\Gamma_{n,x}\phi_{n,y}D_{n,x}^{L}(t) + \sum_{n=3}^{22}\Gamma_{n,y}\phi_{n,y}D_{n,y}^{L}(t)
\end{aligned}
$$

où $\phi_{1,x}'[X(t)]$, $\phi_{2,x}'[X(t)]$, $\phi_{1,y}'[X(t)]$, $\phi_{2,y}'[X(t)]$ sont les déformées modales qui se dégradent au cours du temps en fonction de la valeur maximale du déplacement en tête au cours de l'histoire : $X(t_n) = max|u(t_n)|$.

Sur les Figures 6.37 et 6.38, au cours des chargements quasi-statiques modaux (pushovers modaux selon le mode 1 et le mode 2), les déformées modales normalisées des deux premiers modes de vibration sont montrées ainsi que les déformées de l'Hôtel de Ville de Grenoble au début et à la fin du chargement quasi-statique. Nous constatons que les modes ne se dégradent pas de façon importante ce qui signifie que la prise en compte des modes dégradés n'améliorera pas significativement les résultats globaux de la structure.

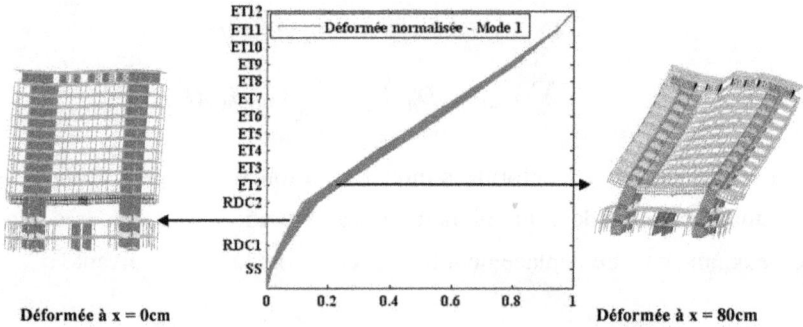

FIGURE 6.37: La dégradation de la déformée modale et les déformées de l'Hôtel de Ville de Grenoble – Mode 1

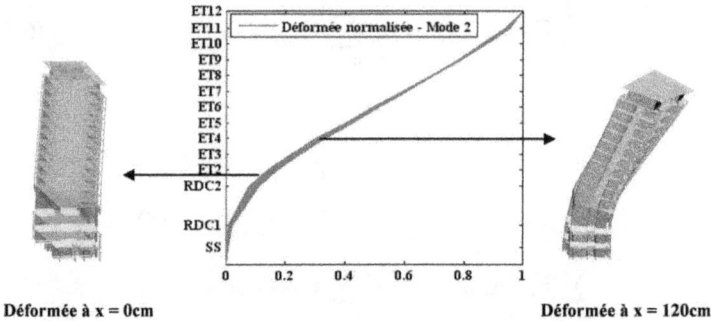

FIGURE 6.38: La dégradation de la déformée modale et les déformées de l'Hôtel de Ville de Grenoble – Mode 2

Dans le dernier cas, la dégradation de la déformée modale et du facteur de participation modale des deux premiers modes sont considérées. Le déplacement total dans les directions X et Y devient alors :

$$
\begin{aligned}
u_x(t) = {} & \Gamma'_{1,x}[X(t)].\phi'_{1,x}[X(t)].D^{NL}_{1,x}(t) + \Gamma'_{1,y}[X(t)].\phi'_{1,x}[X(t)].D^{NL}_{1,y}(t) \\
& + \Gamma'_{2,x}[X(t)].\phi'_{2,x}[X(t)].D^{NL}_{2,x}(t) + \Gamma'_{2,y}[X(t)].\phi'_{2,x}[X(t)].D^{NL}_{2,y}(t) \\
& + \sum_{n=3}^{22} \Gamma_{n,x}\phi_{n,x}D^{L}_{n,x}(t) + \sum_{n=3}^{22} \Gamma_{n,y}\phi_{n,x}D^{L}_{n,y}(t)
\end{aligned}
\tag{6.11}
$$

$$
\begin{aligned}
u_y(t) = {} & \Gamma'_{1,x}[X(t)].\phi'_{1,y}[X(t)].D^{NL}_{1,x}(t) + \Gamma'_{1,y}[X(t)].\phi'_{1,y}[X(t)].D^{NL}_{1,y}(t) \\
& + \Gamma'_{2,x}[X(t)].\phi'_{2,y}[X(t)].D^{NL}_{2,x}(t) + \Gamma'_{2,y}[X(t)].\phi'_{2,y}[X(t)].D^{NL}_{2,y}(t) \\
& + \sum_{n=3}^{22} \Gamma_{n,x}\phi_{n,y}D^{L}_{n,x}(t) + \sum_{n=3}^{22} \Gamma_{n,y}\phi_{n,y}D^{L}_{n,y}(t)
\end{aligned}
$$

où $\Gamma'_1[X(t)]$, $\Gamma'_2[X(t)]$ sont les facteurs de participation des deux premiers modes qui se dégradent au cours du temps en fonction de la valeur maximale de déplacement en tête au cours de l'histoire : $X(t_n) = max|u(t_n)|$.

L'évolution de la dégradation du facteur de participation pendant le chargement quasi-statique des deux premiers modes de vibration est illustrée sur la Figure 6.39. Nous constatons que les facteurs de participation modales évoluent au cours de l'endommagement du bâtiment mais ne suivent pas de dégradation générale. Néanmoins, leur variation est très faible. Par conséquent, pour l'Hôtel de Ville de Grenoble, ce dernier cas ne devrait pas apporter beaucoup d'amélioration par rapport aux premier et second cas.

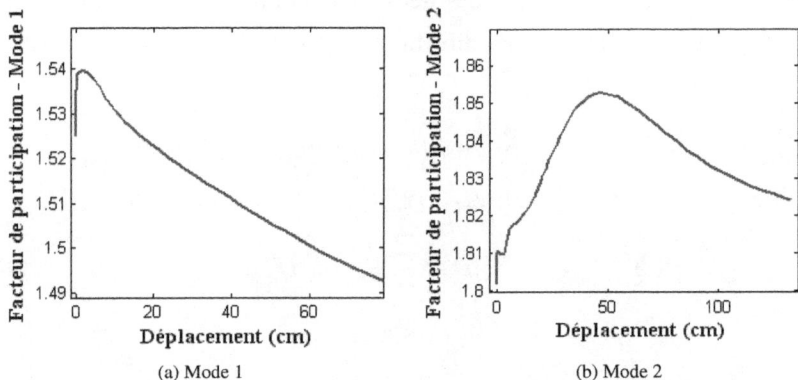

FIGURE 6.39: L'évolution du facteur de participation modale de l'Hôtel de Ville de Grenoble

La réponse globale de l'Hôtel de Ville de Grenoble sous le séisme bidirectionnel (Figure 6.12) avec deux niveaux d'accélération (*PGA et* 2*xPGA*) est déterminée en utilisant les trois combinaisons proposées dans les équations 6.9, 6.10 et 6.11. Nous appliquons ces trois approches en considérant le modèle à fréquence dégradée.

Pour le premier niveau d'accélération (1*xPGA*), la Figure 6.40 montre la comparaison des déplacements en tête de l'Hôtel de Ville de Grenoble obtenus en combinant les réponses modales de tous les modes de vibration suivant les formules 6.9, 6.10 et 6.11 avec le déplacement issu de l'analyse dynamique non linéaire NLRHA dans les directions X et Y.

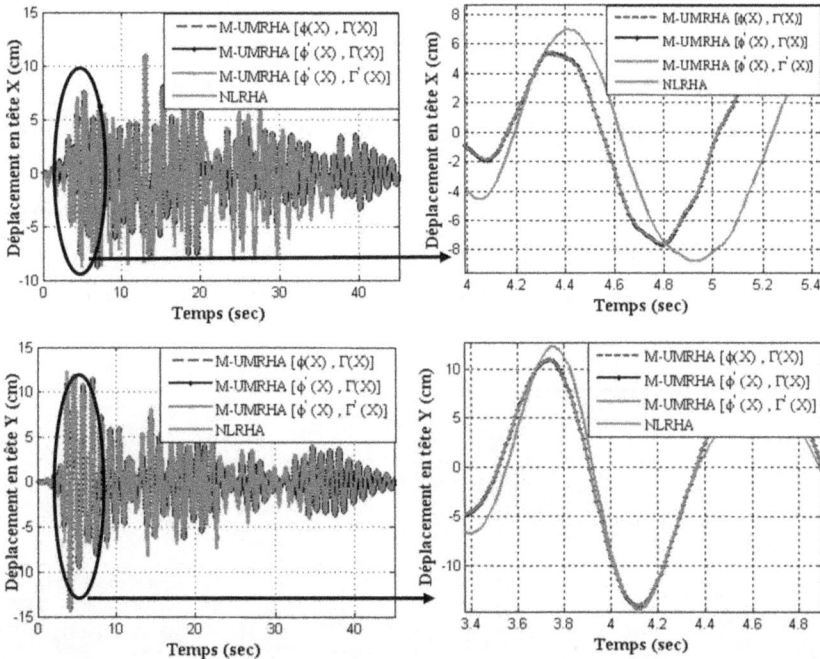

FIGURE 6.40: La comparaison des déplacements en tête de l'Hôtel de Ville de Grenoble en considérant la dégradation de la déformée modale et du facteur de participation modale

Comme cela a été montré précédemment, la dégradation de la déformée modale et l'évolution du facteur de participation modale sont négligeables dans le cas de l'Hôtel de Ville de Grenoble. La Figure 6.40, illustrant le déplacement en tête dans les deux directions, confirment l'influence négligeable de la prise en compte de ces deux aspects évolutifs.

Les comparaisons des déplacements maximaux à chaque étage obtenus en combinant les réponses modales suivant les formules 6.9, 6.10 et 6.11 avec celles issues de l'analyse dynamique non linéaire NLRHA pour les deux niveaux d'accélération et dans les directions X et Y sont illustrées sur la Figure 6.41. Nous observons que la prise en compte de la dégradation de la déformée modale ainsi que l'évolution du facteur de participation n'a que très peu d'influence sur la réponse globale (en termes de déplacements maximaux) dans les directions X et Y, comme cela a été anticipé à la lumière des Figures 6.37 et 6.38. Dans cet exemple d'application de la méthode proposée M-UMRHA, l'apport des aspects évolutifs des déformées modales est négligeable pour la prédiction de la réponse globale de l'Hôtel de Ville. Néanmoins, la procédure de prise en compte de ces aspects évolutifs est robuste puisque la solution issue de la méthode M-UMRHA sans prise en compte des dégradations de déformées modales est exactement retrouvée.

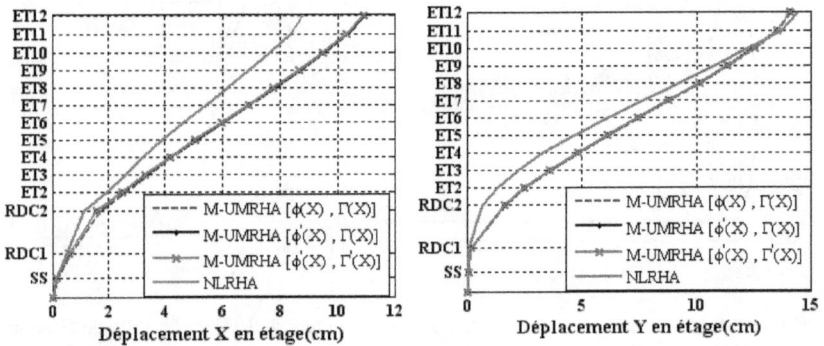

(a) 1.0x*PGA*

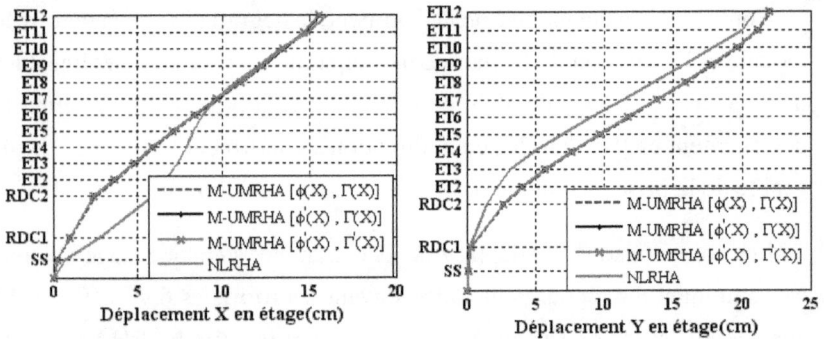

(b) 2.0x*PGA*

FIGURE 6.41: Déplacements à chaque étage de l'Hôtel de Ville de Grenoble pour deux niveaux d'accélération en considérant la dégradation de la déformée modale et du facteur de participation modale

6.10 Evaluation du dommage

6.10.1 Premier niveau d'accélération $(1.0xPGA)$

L'évaluation du dommage subi par l'Hôtel de Ville de Grenoble est déterminée par l'indicateur de dommage considéré dans cette étude : le déplacement différentiel entre étages. La limite de cet indicateur est donnée dans les trois normes suivantes : Eurocode 8, FEMA-273 et HAZUS.

Les déplacements différentiels entre étages issus des deux méthodes d'analyse, la méthode NLRHA et la méthode proposée M-UMRHA en utilisant le modèle de fréquence dégradée $f(X)$, ainsi que le niveau de dommage en chaque étage sont résumés dans les Tableaux 6.7 et 6.8 pour les directions X et Y respectivement.

TABLE 6.7: Niveau de dommage pour le premier niveau d'accélération $(1.0xPGA)$ en utilisant trois normes dans la direction X

Etage	Drift (%)		$1.0xPGA$ - Direction X					
			EC8		HAZUS		FEMA	
	NLRHA	M-UMRHA	NLRHA	M-UMRHA	NLRHA	M-UMRHA	NLRHA	M-UMRHA
SS	0.04	0.04	Non	Non	Non	Non	Non	Non
RDC1	0.08	0.10	Non	Non	Non	Non	Non	Non
RDC2	0.12	0.14	Non	Non	Léger	Léger	Non	Non
Etage 2	0.18	0.20	Non	Non	Léger	Léger	Non	Non
Etage 3	0.23	0.24	Non	Non	Léger	Léger	Non	Non
Etage 4	0.24	0.27	Non	Non	Léger	Léger	Non	Non
Etage 5	0.26	0.28	Non	Non	Léger	Léger	Non	Non
Etage 6	0.28	0.28	Non	Non	Léger	Léger	Non	Non
Etage 7	0.30	0.29	Non	Non	Léger	Léger	Non	Non
Etage 8	0.31	0.29	Non	Non	Modéré	Léger	Non	Non
Etage 9	0.31	0.28	Non	Non	Modéré	Léger	Non	Non
Etage 10	0.30	0.27	Non	Non	Léger	Léger	Non	Non
Etage 11	0.32	0.25	Non	Non	Modéré	Léger	Non	Non
Etage 12	0.18	0.20	Non	Non	Léger	Léger	Non	Non

Le niveau de dommage observé est négligeable selon l'Eurocode 8 et le code FEMA-273 dans les deux directions X et Y, tandis qu'un niveau de dommage variant entre léger et modéré est détecté selon le code HAZUS.

Dans la direction X suivant la méthode M-UMRHA, le déplacement différentiel maximum entre étages est de 0.29%, se situant au septième étage. Cette valeur reste bien en-deçà de la valeur prescrite par l'Eurocode 8, qui est de 1.5%. Si l'on compare aux valeurs préconisées par le code américain FEMA-273, nous n'excédons pas le seuil de 0.5%, qui correspond au deuxième état structurel, nommé LS ("Life Safety").

Dans la direction Y, de nouveau, la méthode M-UMRHA sous-estime les déplacements différentiels issus du calcul non linéaire classique. Toutefois, les résultats restent cohérents. Notons que le déplacement différentiel est en deçà de 0.47% et donc nous nous situons assez loin de la valeur seuil de 1.5% donnée par l'Eurocode 8.

Les dommages globaux issus du calcul nous permettent donc de placer l'excitation envisagée comme faiblement endommageante pour l'Hôtel de Ville de Grenoble.

TABLE 6.8: Niveau de dommage pour le premier niveau d'accélération ($1.0xPGA$) en utilisant trois normes dans la direction Y

Etage	Drift (%)		$1.0xPGA$ - Direction Y					
			EC8		HAZUS		FEMA	
	NLRHA	M-UMRHA	NLRHA	M-UMRHA	NLRHA	M-UMRHA	NLRHA	M-UMRHA
SS	0.01	0.02	Non	Non	Non	Non	Non	Non
RDC1	0.01	0.02	Non	Non	Non	Non	Non	Non
RDC2	0.08	0.17	Non	Non	Non	Léger	Non	Non
Etage 2	0.25	0.27	Non	Non	Léger	Léger	Non	Non
Etage 3	0.31	0.34	Non	Non	Modéré	Modéré	Non	Non
Etage 4	0.39	0.39	Non	Non	Modéré	Modéré	Non	Non
Etage 5	0.44	0.43	Non	Non	Modéré	Modéré	Non	Non
Etage 6	0.46	0.45	Non	Non	Modéré	Modéré	Non	Non
Etage 7	0.49	0.47	Non	Non	Modéré	Modéré	Non	Non
Etage 8	0.48	0.46	Non	Non	Modéré	Modéré	Non	Non
Etage 9	0.48	0.44	Non	Non	Modéré	Modéré	Non	Non
Etage 10	0.46	0.42	Non	Non	Modéré	Modéré	Non	Non
Etage 11	0.45	0.37	Non	Non	Modéré	Modéré	Non	Non
Etage 12	0.20	0.18	Non	Non	Léger	Léger	Non	Non

6.10.2 Deuxième niveau d'accélération $(2.0xPGA)$

Le niveau de dommage global de l'Hôtel de Ville de Grenoble devient plus important car le niveau d'accélération est doublé. Les Tableaux 6.9 et 6.10 représentent les niveaux de dommage dans les deux directions et selon les trois normes utilisées.

Dans les deux directions, nous constatons que le niveau de dommage ne dépasse toujours pas la limite préconisée par l'Eurocode 8.

La valeur maximale de déplacement différentiel entre étages dans *la direction X* en utilisant la méthode M-UMRHA (0.43%) excède la valeur seuil de dommage modéré préconisée par le code HAZUS, égale à 0.31%. Néanmoins, elle reste en dessous de la valeur seuil de dommage important (0.79% selon HAZUS).

TABLE 6.9: Niveau de dommage pour le premier niveau d'accélération $(2.0xPGA)$ en utilisant trois normes dans la direction X

| Etage | Drift (%) | | $2.0xPGA$ - Direction X | | | | | |
| | | | EC8 | | HAZUS | | FEMA | |
	NLRHA	M-UMRHA	NLRHA	M-UMRHA	NLRHA	M-UMRHA	NLRHA	M-UMRHA
SS	0.17	0.05	Non	Non	Léger	Non	Non	Non
RDC1	0.44	0.14	Non	Non	Modéré	Non	Non	Non
RDC2	0.39	0.20	Non	Non	Modéré	Léger	Non	Non
Etage 2	0.34	0.30	Non	Non	Modéré	Modéré	Non	Non
Etage 3	0.34	0.36	Non	Non	Modéré	Modéré	Non	Non
Etage 4	0.36	0.39	Non	Non	Modéré	Modéré	Non	Non
Etage 5	0.43	0.41	Non	Non	Modéré	Modéré	Non	Non
Etage 6	0.51	0.42	Non	Non	Modéré	Modéré	L.S.	Non
Etage 7	0.57	0.43	Non	Non	Modéré	Modéré	L.S.	Non
Etage 8	0.57	0.43	Non	Non	Modéré	Modéré	L.S.	Non
Etage 9	0.57	0.42	Non	Non	Modéré	Modéré	L.S.	Non
Etage 10	0.55	0.40	Non	Non	Modéré	Modéré	L.S.	Non
Etage 11	0.52	0.37	Non	Non	Modéré	Modéré	L.S.	Non
Etage 12	0.37	0.29	Non	Non	Modéré	Léger	Non	Non

L'estimation du niveau de dommage dans *la direction Y* en utilisant la méthode M-UMRHA est cohérente avec celle de la méthode de NLRHA.

Au septième étage, le déplacement différentiel de 0.66% dépasse la limite de dommage modéré selon le code HAZUS et la valeur seuil du deuxième état structurel, nommé LS ("Life Safety"), selon le code FEMA-273.

D'après les comparaisons d'indicateur de dommage dans les deux directions, l'Hôtel de Ville de Grenoble subit un dommage assez important mais il reste toujours loin du niveau de ruine selon les trois normes considérées.

TABLE 6.10: Niveau de dommage pour le premier niveau d'accélération ($2.0xPGA$) en utilisant trois normes dans la direction Y

Etage	Drift (%)		$2.0xPGA$ - Direction Y					
			EC8		HAZUS		FEMA	
	NLRHA	M-UMRHA	NLRHA	M-UMRHA	NLRHA	M-UMRHA	NLRHA	M-UMRHA
SS	0.02	0.02	Non	Non	Non	Non	Non	Non
RDC1	0.03	0.03	Non	Non	Non	Non	Non	Non
RDC2	0.16	0.23	Non	Non	Léger	Léger	Non	Non
Etage 2	0.34	0.38	Non	Non	Modéré	Modéré	Non	Non
Etage 3	0.46	0.48	Non	Non	Modéré	Modéré	Non	Non
Etage 4	0.57	0.55	Non	Non	Modéré	Modéré	L.S.	L.S.
Etage 5	0.64	0.61	Non	Non	Modéré	Modéré	L.S.	L.S.
Etage 6	0.69	0.63	Non	Non	Modéré	Modéré	L.S.	L.S.
Etage 7	0.75	0.66	Non	Non	Modéré	Modéré	L.S.	L.S.
Etage 8	0.75	0.64	Non	Non	Modéré	Modéré	L.S.	L.S.
Etage 9	0.75	0.62	Non	Non	Modéré	Modéré	L.S.	L.S.
Etage 10	0.73	0.59	Non	Non	Modéré	Modéré	L.S.	L.S.
Etage 11	0.72	0.51	Non	Non	Modéré	Modéré	L.S.	L.S.
Etage 12	0.34	0.25	Non	Non	Modéré	Léger	Non	Non

6.11 Conclusion

L'objectif de ce chapitre est de montrer que la méthode d'analyse modale non linéaire découplée modifiée (M-UMRHA) avec le modèle $f(X)$ basé sur la chute de fréquence en fonction d'un indicateur de dommage, permet d'obtenir des résultats satisfaisants par rapport à ceux issus de l'analyse dynamique non linéaire classique. La méthode M-UMRHA a été appliquée à l'Hôtel de ville de Grenoble soumis à un séisme bidirectionnel synthétique avec deux niveaux d'accélérations (PGA et $2xPGA$). Les résultats de l'analyse dynamique non linéaire (NLRHA), en termes de déplacements et de déplacements différentiels entre étages, sont globalement bien reproduits par la méthode simplifiée proposée (M-UMRHA), en adoptant le modèle à fréquence dégradée $f(X)$ pour les systèmes à un degré de liberté construits à partir des courbes de pushover. Il est important de noter qu'un seul paramètre doit être calibré (le taux d'amortissement) pour ce modèle à fréquence dégradée. La prise en compte de la dégradation des déformées modales et des facteurs de participation modales sur la réponse globale de la structure est assez faible pour les deux niveaux d'accélération. L'évaluation du dommage subi par l'Hôtel de Ville de Grenoble montre que l'excitation envisagée est faiblement endommageante pour le premier niveau d'accélération ($1.0xPGA$). Tandis que pour le deuxième niveau d'accélération ($2.0xPGA$), le dommage est assez important mais il reste toujours loin du niveau de ruine selon les trois normes considérées.

Conclusion générale

Des méthodes simplifiées d'estimation de la vulnérabilité structurelle, basées sur des calculs quasi-statiques ou plus communément appelés calculs de pushover, ont été prospectées dans ce travail de thèse. La méthode proposée d'analyse non linéaire découplée s'appuie sur la méthode UM-RHA ("Uncoupled Model Response History Analysis") proposée par Chopra *et al.* (2001). Pour chaque mode dominant de la structure, une analyse en poussée progressive selon une répartition d'efforts dictée par la déformée modale considérée (pushover modal) permet d'obtenir une courbe d'effort tranchant en fonction du déplacement en tête. La courbe de pushover modal ainsi obtenu est ensuite transformée en un modèle global pour un système non linéaire à un degré de liberté. Enfin, la méthode UMRHA des auteurs fait l'hypothèse forte que la réponse totale de la structure peut s'exprimer comme une combinaison de réponses temporelles modales des systèmes non linéaires à un degré de liberté précédents, soumis à l'excitation sismique envisagée.

La méthode proposée, baptisée M-UMRHA ("Modified UMRHA") est une extension de la procédure UMRHA en considérant différentes techniques de poussée progressive ainsi que plusieurs types de systèmes non linéaires à un degré de liberté qui enrichissent la méthode originelle. La réponse totale prend alors la forme d'une combinaison des réponses temporelles des modes non linéaires dominants avec les réponses temporelles des modes linéaires restants. Cette approche a été validée pour trois structures modélisées par la méthode aux éléments finis : une structure portique en béton armé de type poteau-poutre, une structure portique en béton armé avec remplissage en maçonnerie, un bâtiment réel de 15 étages, l'Hôtel de Ville de Grenoble. Sont adoptées des lois locales de comportement capables de reproduire les phénomènes de dégradation matérielle ayant lieu lors d'un chargement sismique. L'approche simplifiée M-UMRHA est une technique de prédiction de la demande sismique via une série de calculs en poussée progressive suivant des répartitions d'efforts en accord avec les modes de vibration. La méthode a été validée vis-à-vis des résultats de référence obtenus par une analyse dynamique non linéaire. Pour ces trois exemples, la méthode M-UMRHA s'avère particulièrement probante lorsque l'on s'appuie sur les courbes de pushover modal pour construire des systèmes non linéaires à un degré de liberté qui sont basés sur une approche de dégradation de la fréquence structurelle $f(X)$ en fonction d'un indicateur de dommage de type global X. L'indicateur global adopté est le maximum de déplacement en tête de l'ouvrage qui pilote les chutes de fréquences pour les modes non linéaires dominants. D'autres systèmes non linéaires à un degré de liberté sont aussi utilisés, comme le modèle élastoplastique ou le très utilisé modèle global de Takeda, mais ils ont comme inconvénients de nécessiter une idéalisation de la courbe de pushover et requièrent des paramètres additionnels qui influent sur le comportement cyclique et donc sur la réponse du système. Au contraire, le modèle à fréquence dégradée est directement obtenu de la courbe de pushover et ne nécessite pas de paramètres pour le comportement cyclique. Par ailleurs, le choix de ce système permet de prendre en compte de manière directe les évolutions des déformées modales au cours du processus d'endommagement. En effet, ces déformées modales, dont l'évolution est de nouveau pilotée par le maximum de déplacement en tête X, sont identifiées à partir du test en poussée progressive : à faible niveau de chargement, la déformée statique normalisée correspond exactement à la déformée modale de la structure indemne, tandis que les autres déformées normalisées nous donnent l'évolution de la déformée modale au cours du chargement. Cette méthodologie permet de formaliser une double dépendance de la fréquence modale et de la déformée modale en fonction du maximum de déplacement en tête X ; les facteurs de participation modaux peuvent eux aussi être mis à jour au cours du chargement sismique, la réponse totale du système gardant la forme découplée (combinaison de réponses non linéaires et linéaires temporelles) propre à la méthode UMRHA et à son extension proposée M-UMRHA. Pour des structures dont les déformées modales n'évoluent que peu au cours du test en poussée progressive, il a été montré que les résultats de l'approche M-UMRHA, sans tenir compte de l'évolution des déformées modales, sont retrouvés. Pour les structures dont l'évolution des déformées modales est notable au cours du test en poussée progressive, une amélioration apportée par l'hypothèse d'évolution est observée.

Il est à noter que seules des structures dont les réponses en déplacement sont essentiellement pilotées par le premier mode ont été investiguées ; deux modes non linéaires dominants ont bien été pris en compte pour l'Hôtel de Ville de Grenoble mais ils correspondaient aux deux modes de flexion longitudinale et transversale, et donc n'interagissaient pas dans la méthode M-UMRHA. La méthode UMRHA a été validée par Chopra *et al.* (2001) pour des structures symétriques en considérant jusqu'à 3 modes dans le même plan. Il reste donc à valider la méthode proposée M-UMRHA pour des structures dans le plan à plusieurs modes dominants. L'hypothèse centrale de la méthode originelle UMRHA qu'il convient de vérifier, est l'approximation induite par le découplage des modes non linéaires dans le domaine des temps. Pour les structures asymétriques, la pertinence de l'approche doit aussi être questionnée.

Ayant à disposition un outil rapide d'évaluation de la demande sismique des structures sous séismes, une suite intéressante à donner à ce travail est d'explorer l'influence de l'aléa externe sur le dommage engendré sur la structure. L'aléa externe pourrait être appréhendé sous la forme de base de données d'enregistrements sismiques ou de séismes artificiellement générés suivant des techniques de construction de processus aléatoires ou de création de signaux synthétiques, générés par des modèles de rupture de roche au foyer sismique et de propagation d'ondes dans le sol.

Références bibliographiques

AFNOR. Earthquake resistant construction rules - earthquake resistant rules applicable to buildings, called PS 92. NF P 06-013. Paris : AFNOR 2007, 198 p.

AFNOR. Eurocode 2 : "Design of concrete structures" and National Application Document - Part 1-1 : General rules and rules for buildings. ENV 1992-1-1. Paris : AFNOR 1992, 312 p.

AFNOR. Eurocode 8 : Design provisions for earthquake resistance of structures and national application document - Part 1-2 : General rules for buildings. XP ENV 1998-1-2. Paris : AFNOR 2000, 45 p.

American Society of Civil Engineers. Prestandard and commentary for the seismic rehabilitation of buildings. FEMA-356, Federal Emergency Management Agency, Washington, D.C., 2000, 519 p.

Amiri J.V., Ahmadi Q.Y., Gangavi B. Investigation of hysteretic energy, drift and damage index distribution in reinforced concrete frames with shear wall subjected to strong ground motions. The 14th Word Conference on Earthquake Engineering, 2008, Beijing, China.

Amziane S., Dube J.F. Global RC structural damage index based on the assessment of local material damage. Journal of Advanced Concrete Technology, 2008, vol. 6, n° 3, pp. 459-468.

Amziane S., Dube J.F., Lamirault J. Evaluation des dégradations de structures à l'aide d'un indicateur de dommage. Revue Française de Génie Civil, 2000, vol. 4, n° 4, pp. 503-524.

Antoniou S., Pinho R. Advantages and limitations of adaptive and non-adaptive pushover procedures. Journal of Earthquake Engineering, 2004a, vol. 8, n° 4, pp. 497-522.

Antoniou S., Pinho R. Development and verification of a displacement-based adaptive pushover procedure. Journal of Earthquake Engineering, 2004b, vol. 8, n° 5, pp. 643-661.

Antoniou S., Pinho R. Displacement-based adaptive pushover. The 2nd International Conference on Computational methods in structural dynamics and earthquake engineering, 2009, Rhodes, Greece.

Applied Technology Council. Improvement of nonlinear static seismic analysis procedures. FEMA-440, Federal Emergency Management Agency, Washington, D.C., 2005, 392 p.

Banon H. Prediction of seismic damage in reinforced concrete frames. PhD Thesis. Cambridge : Massachusetts institute of technology, 1980, 184 p.

Banon H., Irvine H.M., Biggs J.M. Seismic damage in reinforced concrete frames. Journal of the Structural Division, 1981, vol. 107, n° 9, pp. 1713-1727.

Borg R.C., Rossetto T. Comparison of Seismic Damage Indices for Reinforced Concrete Structures. The 14th European Conference on Earthquake Engineering, 2010, Ohrid, Republic of Macedonia.

Bousias S. N., Verzeletti G., Fardis M.N., Guiterrez E. Load-Path effects in column biaxial bending and axial force. Journal of Engineering Mechanics, 1995, vol. 121, n° 5, pp 596-605.

Bracci J.M., Reinhorn A.M., Mander J.B. Seismic resistance of reinforced concrete frame structures designed for gravity loads : Performance of structural system. ACI Structural Journal, 1995, vol. 92, n° 5, pp. 597-608.

Bracci J.M., Reinhorn A.M., Mander J.M., Kunnath S.K. Deterministic model for seismic damage evaluation of reinforced concrete structures.

NCEER-89-0033 Technical Report. Buffalo : National center for Earthquake Engineering Research : State University of New York at Buffalo, 1989, 106 p.

Brun M. Contribution à l'étude des effets endommageants des séismes proches et lointains sur des voiles en béton armé : approche simplifiée couplant la dégradation des caractéristiques dynamiques avec un indicateur de dommage. Thèse de doctorat. Lyon : INSA de Lyon, 2002, 223 p.

Brun M., Labbe P., Betrand D., Courtois A. Pseudo-dynamique tests on low-rise shear walls and simplified model based on the structural frequency drift. Enginnering Structures, 2011, vol. 33, n° 3, pp. 796-812.

Brun M., Reynouard J. M., Jezequel L. A simple shear wall model taking into account stiffness degradation. Engineering Structures, 2003, vol. 25, n° 1, pp. 1-9. Building Seismic Safety Council. NEHRP Guidelines for the Seismic Rehabilitation of Buildings. FEMA-273, Federal Emergency Management Agency, Washington, D.C., 1997, 435 p.

Causse M., Cotton F., Cornou C., Bard P.Y. Calibrating median and uncertainty estimates for a practical use of Empirical Green's Function technique. Bulletin of the Seismological Society of America, 2007, vol. 98, n° 1, pp. 344–353.

CEN. Eurocode 8 : Design of structures for earthquake resistance, Part 1 : General rules, seismic actions and rules for buildings. EN 1998-1. Brussels : CEN 2004, 232 p.

CEN. Eurocode 8 : Design of structures for earthquake resistance, Part 1-4 : General rules, Strengthening and repair of buildings. ENV 1998-1-4. Brussels : CEN 1996, 112 p.

Ceresa P., Petrini L., Pinho R., Sousa R. A fibre flexure-shear model for seismic analysis of RC-framed structures. Earthquake Engineering and Structural Dynamics, 2009, vol. 38, n° 5, pp. 565-586.

Chopra A. K. Dynamics of Structures A primer. Earthquake Engineering Research Institute. Berkeley : University of California, 1980, 126 p.

Chopra A. K. Dynamics of structures Theory and Applications to Earthquake Engineering. PRENTICE HALL Englewood Cliffs. New Jersey : Englewood Cliffs, 1995, 794 p.

Chopra A. K. Modal Analysis of Linear Dynamic Systems : Physical Interpretation. Journal of Structural Engineering, 1996, vol. 122, n° 5, pp. 517-527.

Chopra A. K., Goel R. K. A Modal Pushover Analysis Procedure for Estimating Seismic Demands for Buildings. Earthquake Engineering and Structural Dynamics, 2002, vol. 31, n° 3, pp. 561-582.

Chopra A. K., Goel R. K. A Modal Pushover Analysis Procedure to Estimate Seismic Demands for Buildings : Theory and Preliminary Evaluation. PEER Report n° 2001/03. Berkeley : University of California, 2001, 90 p.

Chopra A. K., Goel R. K. A modal pushover analysis procedure to estimate seismic demands for unsymmetric-plan buildings. Earthquake Engineering and Structural Dynamics, 2004, vol. 33, n° 8, pp. 903-927.

Chopra A. K., Goel R. K. Evaluation of Modal and FEMA Pushover Analyses : SAC Buildings. Earthquake Spectra, 2004a, vol. 20, n° 1, pp. 225-254.

Chopra A. K., Goel R. K. Evaluation of the modal pushover analysis procedure for unsymmetric-plan buildings. First European Conference on Earthquake Engineering and Seismology, 2006, Geneva, Switzerland.

Colajanni P., Potenzone B. Influence of lateral load distribution in estimation of target displacement and capacity demand by pushover analysis.

The 14th European Conference on Earthquake Engineering, 2010, Ohrid, Republic of Macedonia.

Colajanni P., Potenzone B. On the distribution of lateral loads for pushover analysis. The 14th Word Conference on earthquake engineering, 2008, Beijing, China.

Combescure D. Eléments de dynamique des structures – Illustration à l'aide de CAST3M. CEA, 2006. Disponible sur : <http ://www-cast3m.cea.fr/index.php ?xml=documentation> (consulté le 01.08.2011).

Combescure D. Modélisation des structures de génie civil sous chargement sismique à l'aide de castem2000. Rapport n° DM2S. CEA, 2001, 122 p.

Combescure D. Modélisation du comportement sous chargement sismique des structures de bâtiment comportant des murs de remplissage en maçonnerie. Thèse de doctorat. Paris : Ecole Centrale de Paris, 1996, 173 p.

Combescure D. Some contributions of physical and numerical modelling to the assessment of existing masonry infilled RC frames under extreme loading. First European Conference on Earthquake Engineering and Seismology, 2006, Geneva, Switzerland.

Combescure D., Pegon P. Application of the local-to-global approach to the study of infilled frame structures under seismic loading. Nuclear Engineering and Design, 2000, vol. 196, n° 1, pp. 17-40.

Comombo A., Negro P. A damage index of generalised applicability. Engineering Structures, 2005, vol. 27, n° 8, pp. 1164-1174.

Cosenza A., Manfredi G. A seismic design method including damage effect. The 11th European Conference on Earthquake Engineering, 1998, Balkema, Rotterdam.

De Guzman P., Ishiyama Y. Collapse assessment of building structures using damage index. The 13th Word Conference on earthquake engineering, 2004, Vancouver, Canada.

Elenas A., Meskouris K. Correlation study between seismic acceleration parameters and damage indices of structures. Engineering Structures, 2001, vol. 23, n° 6, pp. 698-704.

EUR 12266. Eurocode 8 : Structures in seismic regions - Design - Part 1 : General and building. CD-NA-12266-EN-C. Brussels : 1989, 327 p.

Fajfar P. A nonlinear analysis method for performance based seismic design. Earthquake Spectra, 2000, vol. 16, n° 3, pp. 573-592.

Fajfar P. Structural analysis in earthquake engineering – A breakthrough of simplified non-linear methods. The 12th European Conference on Earthquake Engineering, 2002, London, United Kingdom.

Fajfar P., Kreslin M. Estimation of higher mode effects in the N2 method. The 14th European Conference on Earthquake Engineering, 2010, Ohrid, Republic of Macedonia.

Fardis, M.N. Analysis and design of reinforced concrete buildings according to Eurocode 2 and 8. Configuration 3, 5 and 6. Report on Prenormative Research in Support of Eurocode 8. Greece : University of Patras, 1994. Guedes J., Pegon P., Pinto A.V. A Fibre/Timoshenko Beam Element

in CASTEM2000. Special Publication Nr.I.94.31. JRC : ELSA, 1994, 55 p.

Gunturi S.K.V., Shah H.C. Building specific damage estimation. Proceedings of the 10th World Conference on Earthquake Engineering, 1992, Balkema, Rotterdam.

Han S. W., Chopra A. K. Approximate incremental dynamic analysis using the modal pushover analysis procedure. Earthquake Engineering and Structural dynamic, 2006, vol. 35, n° 15, pp. 1853-1873.

Hognestad E. A study of combined bending and axial load in reinforced concrete. Bulletin Series 339. Urbana : University of Illinois, 1951, 128 p.

Ile N., Reynouard J. M. Nonlinear analysis of reinforced concrete shear wall under earthquake loading. Journal of Earthquake Engineering, 2000, vol. 4, n° 2, pp. 183-213.

Ile N., Reynouard J. M. Behaviour of U-shaped walls subjected to uni-axial and biaxial cyclic lateral loading. Journal of Earthquake Engineering, 2005, vol. 9, n° 1, pp. 67-94.

Jeong G.D. Cumulative damage of structures subjected to response spectrum consistent random processes. PhD Thesis. California : California Institute of Technology, 1985, 118 p.

Kappos A.J. Seismic damage indices for RC buildings : evaluation of concepts and procedures. Progress in Structural Engineering and Materials, 1997, vol. 1, n° 1, pp. 78-87.

Kreslin M., Fajfar P. On seismic assessment of RC buildings-A case study of an actual irregular structure. The 2nd International Conference on Computational methods in structural dynamics and earthquake engineering, 2009, Rhodes, Greece.

Kunnath S.K., Reinhorn A.M., Park Y.J. Analytical modelling of inelastic seismic response of RC structures. Journal of Structural Engineering, 1990, vol. 116, n° 4, pp. 996-1017.

Lestuzzi P., Belmouden Y., Trueb M. Non-linear seismic behaviour of structures with limited hysteretic energy dissipation capacity. Bulletin of Earthquake Engineering, 2007, vol. 5, n° 4, pp. 549–569.

Lucchini G., Monti G., Kunnath S. A simplified pushover method for evaluating the seismic demand in asymmetric-plan multi-storey buildings. The 14th Word Conference on earthquake engineering, 2008, Beijing, China.

Makarios T. K. Optimum definition of equivalent non-linear SDF system in pushover procedure of multistory r/c frames. Engineering Structures, 2005, vol. 27, n° 5, pp. 814-825.

Makarios T. K., Salonikios T. N. Use of new equivalent nonlinear SDF system of planar multi-storey R/C frames in static pushover procedure. The 14th Word Conference on earthquake engineering, 2008, Beijing, China.

Menegotto M., Pinto P. Method of analysis for cyclically loaded reinforced concrete plane frames including changes in geometry and non-elastic behaviour of elements under combined normal force and bending. IABSE Symposium on resistance and ultimate deformability of structures acted on by well-defined repeated loads, 1973, Lisbon, Spain, pp. 112-123.

Merabet O., Reynouard J. M. Formulation d'un modèle elasto-plastiquefissurable pour le béton sous chargement cyclique. Rapport n° 1/943/002. Lyon : INSA de Lyon, 1999, 84 p.

Meyer I.F., Kratzig W.B., Stangenberg F., Meskouris K. Damage prediction in reinforced concrete frames under seismic actions. European Earthquake Engineering, 1988, vol. 2, n° 3, pp. 9-15.

Michel C. Vulnérabilité Sismique, de l'échelle du bâtiment à celle de la ville – Apport des techniques expérimentales in situ – Application à Grenoble. Thèse de doctorat. Grenoble : Université Joseph Fourier, 2007, 211 p.

Michel C., Gueguen P. Dynamic behaviour of the first instrumented building in France : the Grenoble City Hall. The First European Conference on Earthquake Engineering and Seismology, 2006, Switzerland, Geneva.

Michel C., Gueguen Ph., El Arem S., Mazars J., Kotronis P. Full-scale dynamic response of an RC building under weak seismic motions using earthquake recordings, ambient vibrations and modelling. Earthquake Engineering and Structural Dynamic, 2010, vol. 39, n° 4, pp. 419-441.

Millard A. CASTEM 2000 Manuel d'utilisation. CEA-LAMS Rapport n° 93/007. France, 1993, 186 p.

Mwafy A.M. Seismic performance of code-designed RC buildings. PhD Thesis. London : Imperial College, University of London, 2001.

Nanos N., Elenas A., Ponterosso P. Correlation of different strong motion duration parameters and damage indicators of reinforced concrete structures. The 14th Word Conference on earthquake engineering, 2008, Beijing, China.

National Institute of Building Sciences. Multi-hazard Loss Estimation Methodology - Earthquake Model Technical Manual. HAZUS-MH MR4, Federal Emergency Management Agency, Washington, D.C., 2003, 712 p.

Paraskeva Th. S., Kappos A. J. An improved multimodal procedure for deriving pushover curves for bridges. The 14th Word Conference on earthquake engineering, 2008, Beijing, China.

Paraskeva Th. S., Kappos A. J. An improved multimodal procedure for deriving pushover curves for bridges. The 14th Word Conference on earthquake engineering, 2006, Beijing, China.

Paraskeva Th. S., Kappos A. J. An improved multimodal procedure for deriving pushover curves for bridges. The 14th Word Conference on earthquake engineering, 2010, Beijing, China.

Paret T., Sasaki K.K., Eilbeck D.H., Freeman S.A. Approximate inelastic procedures to identify failure mechanisms from higher mode effects.

The 11th Word Conference on Earthquake Engineering, 1996, Acapulco, Mexico.

Park R., Priestley M.J.N., Gill W.D. Ductility of Square-confined concrete columns. Journal of the Structural Division, 1982, vol. 108, n° 4, pp. 929-950.

Park Y.J., Ang A.H.S. Mechanistic seismic damage model for reinforced concrete. Journal of Structural Engineering, 1985, vol. 111, n° 4, pp. 722-739.

Park Y.J., Ang A.H.S., Wen Y.K. Seismic damage analysis and damage-limiting design of RC buildings. UILU-ENG-84-2007. Urbana Illinois : University of Illinois at Urbana-Champaign, 1984, 182 p.

Ramamoorthy S.K., Gardoni P., Bracci J. Seismic fragility estimates for reinforced concrete buildings. CDCI-06-01 Technical Report. Center for design and construction integration : Zachry Departement of Civil Engineering - Texas A&M University, 2006, 145 p.

Rossetto T., Elnashai A. Derivation of vulnerability functions for European-type RC structures based on observational data. Engineering Structures, 2003, vol. 25, n° 10, pp. 1241-1263.

Roufaiel M.S.L., Meyer C. Analytical modelling of hysteretic behaviour of RC frames. Journal of Structural Engineering, 1987, vol. 113, n° 3, pp. 429-444.

Sadeghi K., Nouban F. A Simplified energy based damage index for structures subjected to cyclic loading. International Journal of Academic Research, 2010, vol. 2, n° 3, pp. 13-17.

Schwab P., Lestuzzi P. Assessment of the Seismic Non-Linear Behavior of Ductile Wall Structures Due to Synthetic Earthquakes. Bulletin of Earthquake Engineering, 2007, vol. 5, n° 1, pp. 67–84.

Tataie L., Brun M., Reynouard J.M. Simplified Modal Pushover Procedure For Seismic Evaluation of RC Structures. The First International Conference : Provence' 2009, 2009, Aix en Provence, France.

Tataie L. Procédures simplifiées pour l'évaluation de la performance du bâti existant vis-à-vis du risque sismique : modèles NLSDF. 28èmes Rencontres Universitaires de Génie Civil, 2010, La Bourboule, France.

Tataie L., Brun M., Reynouard J.M. Modal Pushover Procedures fore Seismic Evaluation of RC Structures : Using New Non Linear SDF Systems. The 14th European Conference on Earthquake Engineering, 2010, Ohrid, Republic of Macedonia.

Tataie L., Brun M., Reynouard J.M. Méthodes simplifiées pour la réponse non-linéaire dynamique de structures en béton armé, avec ou sans remplissage en maçonnerie, basées sur des calculs quasi-statiques. 8ème Colloque national : AFPS'11, 2011, Paris, France.

Tataie L., Brun M., Reynouard J.M. Modal pushover procedures for seismic evaluation of RC structures : using new nonlinear SDF systems. European Journal of Environmental and Civil Engineering, 2012, vol ,n° 1, pp.

Vamvatsikos D., Cornell C. A. Direct Estimation of Seismic Demand and Capacity of Multidegree-of-Freedom Systems through Incremental Dynamic Analysis of Single Degree of Freedom. Journal of Structural Engineering, 2005, vol. 131, n° 4, pp. 589-599.

Vamvatsikos D., Cornell C. A. Incremental Dynamic Analysis. Earthquake Engineering and Structural dynamic, 2002, vol. 31, n° 3, pp. 491–514.

Wen Y.K., Ellingwood B.R., Bracci J. Vulnerability function framework for consequence-based engineering. DS-4 Report. MAE Center Project : University of Illinois at Urbana-Champaign, 2004, 101 p.

Wen Y.K., Ellingwood B.R., Veneziano D., Bracci J. Uncertainty modelling in earthquake engineering. FD-2 Report. MAE Center Project : University of Illinois at Urbana-Champaign, 2003, 113 p.

Annexe A

Validation des éléments finis des poutres de Timoshenko sous chargement cyclique

Un poteau en béton armé est considéré afin de valider la modélisation en utilisant les éléments finis poutres multifibres et les lois unidirectionnelles de comportement local associées à chaque fibre. La validation de cet exemple de référence s'appuiera sur la comparaison des résultats de l'analyse numérique non linéaire avec les résultats expérimentaux.

Un programme expérimental portant sur le comportement des poteaux en béton armé sous flexion biaxiale avec chargement axial a été conduit par Bousias *et al.* (1995) au Centre Commun de Recherche Européen d'Italie. Le spécimen d'étude est illustré sur la Figure A.1 ; il s'agit d'un poteau en béton armé de $1.5\,m$ de hauteur avec une section de $0.25x0.25\,m$, ancrée dans une base fortement renforcée de $1\,m^2$ et $0.5\,m$ d'épaisseur. Le renforcement longitudinal est composé de huit barres de 16 millimètres de diamètre, uniformément distribuées autour du périmètre de la section. L'enrobage est de 15 millimètres d'épaisseur. Deux cadres d'étriers de 8 millimètres de diamètre sont disposés tous les 70 millimètres. Le renforcement longitudinal et transversal est conforme aux normes spécifiées par l'Eurocode 8 (1989). Les barres de renforcement ont une contrainte de plasticité de $460\,MPa$ et une contrainte ultime de $710\,MPa$ associée à une déformation ultime de 11%.

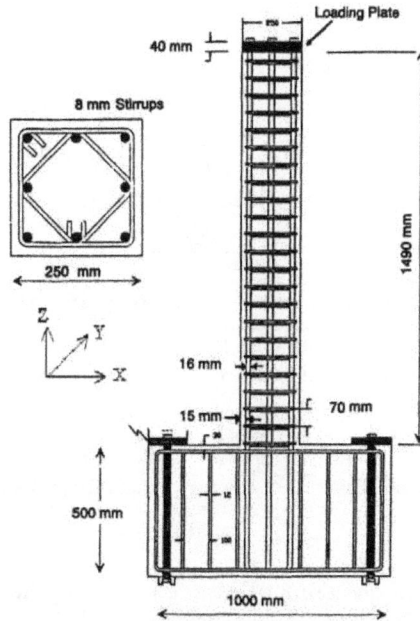

FIGURE A.1: Renforcement de spécimen et dimensions générales selon Guiterrez *et al.* (1993)

Douze poteaux identiques en béton armé de type console ont été soumis à une charge axiale et à deux actions latérales en déplacement imposé ou en force imposée. Les résultats de ces essais sont présentés dans Bousias *et al.* (1995). Nous modélisons le poteau soumis à la charge de premier essai. Des cycles uniaxiaux de déplacements d'amplitude linéairement croissante sont alternativement appliqués en tête de poteau dans les deux directions transversales (Figure A.2). Une force axiale constante est appliquée pendant l'essai par l'intermédiaire d'une plaque en acier instrumentée avec un capteur d'effort.

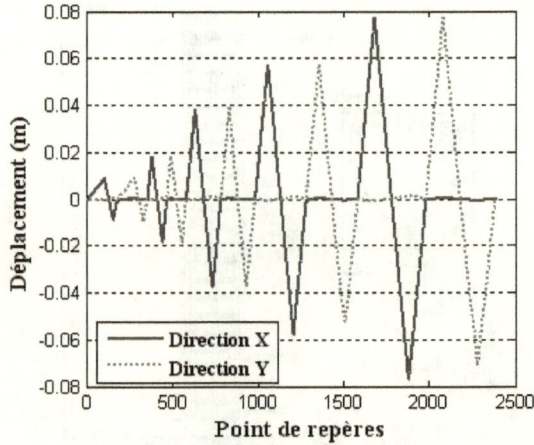

FIGURE A.2: Evolution du déplacement transversal imposé dans les deux directions transversales X, Y

L'effort axial appliqué durant l'essai en tête du poteau est donné dans le Tableau 6.11 sous forme normalisé en considérant l'effort maximum de compression σ_{c0}.

TABLE 6.11: Chargement axial pour le premier spécimen

Test Spécimen	S1
σ_{c0} Contrainte en compression du béton	$29x10^6\,Pa$
$\frac{N}{A_c.\sigma_{c0}}$ Valeur normalisée du chargement axial	0.12

où N est l'effort axial appliqué en tête du poteau et A_c est l'aire de la section de poteau.

Comme cela a été décrit dans la section précédente, l'approche élément poutre multifibre de type Timoshenko est basée sur deux niveaux de modélisations :

-*Niveau de section* : la section est discrétisée en zones finies associées aux matériaux béton ou acier (Figure A.3).

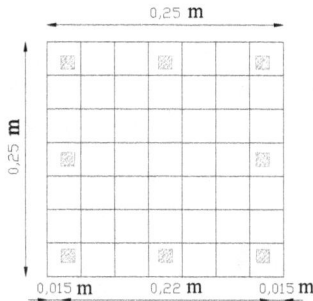

FIGURE A.3: Modélisation de la section en fibres de béton et d'acier

-Niveau de poutre : la poutre est discrétisée en éléments finis de type Timoshenko. Le maillage est affiné à la base du poteau afin de tenter de reproduire le plus correctement possible les effets non linéaires s'y produisant. Le poteau est discrétisée longitudinalement en deux parties, de la base jusqu'à $0.75\,m$ en 15 éléments et de $0.75\,m$ jusqu'à la tête en 5 éléments. La discrétisation de la section et de la poutre est illustrée sur la Figure A.4.

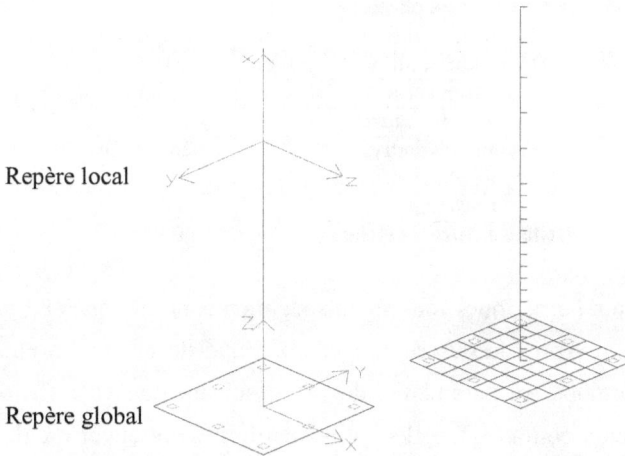

FIGURE A.4: Modèle poutres multifibres pour le poteau en béton armé

Les fibres de béton sont caractérisées par la loi uniaxiale sous chargement cyclique nommée "Béton_Uni" (Section 4.2.2), et la loi de Menegotto-
Pinto (Section 4.3) est utilisée pour reproduire le comportement des fibres
d'acier. Les Tableaux 6.12 et 6.13 résument respectivement les caractéristiques mécaniques du béton et de l'acier.

TABLE 6.12: Caractéristiques mécaniques du béton

Module d'élasticité	E_0	$3x10^{10}\ Pa$
Limite en compression du béton	σ_{c0}	$29x10^6\ Pa$
Déformation en compression au pic	ε_{c0}	0.19%
Limite en traction au pic	$\sigma_t = 0.1\sigma_{c0}$	$2.9x10^6\ Pa$
Coefficient de poisson	υ	0.2
Valeur normalisée du chargement axial	$\frac{N}{A_c\sigma_{c0}}$	0.12
Facteur définissant l'adoucissement de traction	$r = \varepsilon_{tm}/\varepsilon_t$	20

TABLE 6.13: Caractéristiques mécaniques de l'acier

Module d'élasticité	E_a	$2x10^{11}\ Pa$
Contrainte de plasticité	σ_{sy}	$460x10^6\ Pa$
Contrainte ultime	σ_{su}	$710x10^6\ Pa$
Déformation ultime	ε_{su}	11%
Poisson ratio	υ	0.3
Diamètre des cadres	ϕ	$0.008\ m$
Section des cadres	A_{sw}	$5.026x10^{-5}\ m^2$
Longueur de pliage des cadres		$0.04\ m$
Enrobage		$0.015\ m$
Distance entre les étriers	s	$0.07\ m$

Les calculs numériques relatifs au spécimen sont effectués à l'aide du
code Cast3M. Après la description géométrique de la section en fibres,
nous déterminons les paramètres du béton suivant deux cas (béton non
confiné – béton confiné). Les deux lois de refermeture/ouverture de la fissure sont appliquées au cas du béton confiné. Les paramètres d'acier sont
déterminés en considérant l'effet de Bauschinger ainsi que l'effet de flambement. Les contraintes de cisaillement dans le plan Oyz (repère local) sont

réduites par les coefficients α_y et α_z. Le chargement pour le premier essai (Force axiale + déplacement en X + déplacement en Y) est appliqué de façon quasi statique. Un algorithme d'intégration temporelle implicite est utilisé. Le calcul temporel est réalisé sur une base physique avec un modèle non linéaire en utilisant la commande PASAPAS.

Nous étudions ici l'effet de confinement du béton ainsi que l'effet de refermeture/ouverture des fissures sur le comportement global du poteau sous chargement cyclique en comparant les résultats numériques avec ceux expérimentaux. Afin d'évaluer l'influence de confinement du béton, nous comparons les résultats numériques en effort/déplacement cyclique avec ceux expérimentaux dans les deux directions y et z. Trois types de modélisations locales de la section de béton ont été appliqués : béton non confiné sur toute la section, béton confiné sur toute la section et béton non confiné pour l'enrobage avec béton confiné pour le noyau. La refermeture souple de fissure et les paramètres de cisaillement de poutre égaux à 0.66 sont pris en compte. Sur les Figures A.5 et A.6, les boucles hystérésis des résultats numériques et celles des résultats expérimentaux sont comparées. Nous constatons que les boucles en vert (enrobage non confiné avec un noyau confiné) sont quantitativement plus proches de celles expérimentales par rapport aux boucles en rouge (béton confiné). Tandis que les boucles considérant le béton confiné reproduisent de façon plus correcte le déchargement que dans le cas d'un enrobage non confiné avec un noyau confiné. En général, on remarque que les résultats relatifs à la section du béton confiné sont conformes aux résultats expérimentaux. En ce qui concerne le cas avec une section du béton non confiné, les efforts tranchants résistants aux pics en déplacement sont très inférieurs aux efforts réels. Par exemple dans la direction y, la différence entre le pic d'effort expérimental et le pic calculé au premier cycle fort en déplacement est de l'ordre de 15%, progressant jusqu'à 30% pour les deux cycles suivants. La différence en pic d'effort lors du cycle le plus fort atteint 94%, ce qui indique une ruine numérique. Cette ruine n'a pas lieu expérimentalement.

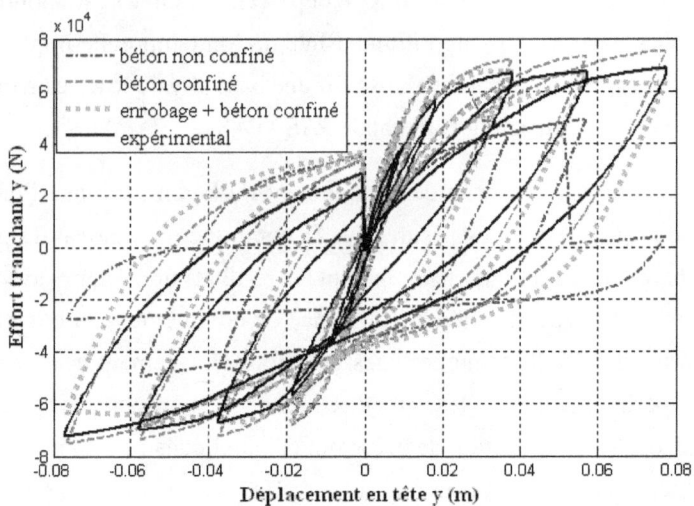

FIGURE A.5: Boucles d'hystérésis dans la direction locale y (effet de confinement)

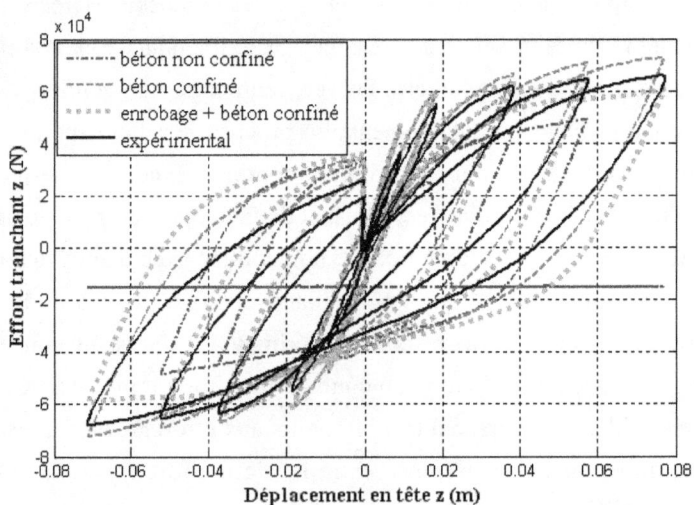

FIGURE A.6: Boucles d'hystérésis dans la direction locale z (effet de confinement)

Pour étudier l'influence de loi de refermeture de fissure, deux calculs ont été effectués en considérant le confinement du béton, les paramètres de cisaillement de poutre α_y et α_z égaux à 0.66 avec deux lois de refermeture de fissure souple et moins souple. Les courbes d'effort tranchant-déplacement dans les directions y, z sont comparées avec celles issues de l'expérience sur les Figures A.7 et A.8. Les résultats relatifs au choix de la refermeture souple sont plus semblables à ceux issus de l'expérience que les résultats relatifs à une refermeture moins souple. Nous pouvons noter que le comportement du poteau en béton armé sous sollicitations combinées de compression et de flexion bi-axiale est reproduit de façon très satisfaisante à l'aide des poutres de Timoshenko multifibres. Cette stratégie de modélisation sera employée par la suite pour les structures portique, portique avec un remplissage en maçonnerie et bâtiment complet.

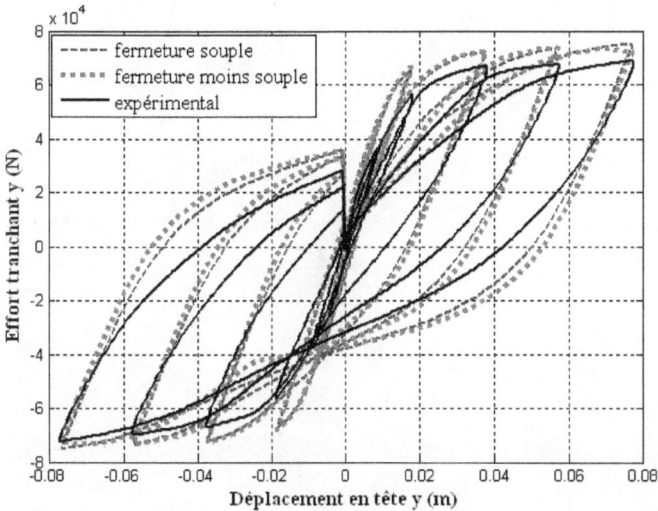

FIGURE A.7: Boucles d'hystérésis dans la direction locale y (effet de la refermeture de fissure)

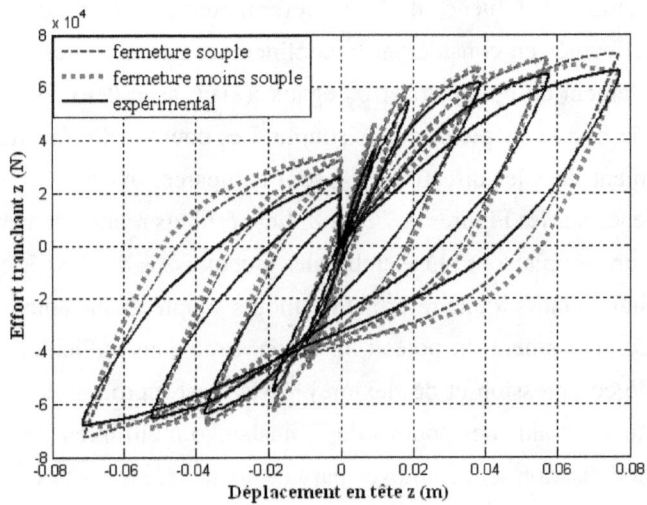

FIGURE A.8: Boucles d'hystérésis dans la direction locale z (effet de la refermeture de fissure)

Remerciements

Les travaux de recherche présentés se sont déroulés au Laboratoire LG-CIE de l'INSA de Lyon. Mes remerciements s'adressent tout d'abord aux personnes avec lesquelles j'ai travaillé et qui m'ont fait part de leurs connaissances et de leur savoir-faire : Monsieur Michael BRUN et Monsieur Jean-Marie REYNOUARD. Je tiens à leur exprimer ma vive reconnaissance et ma sincère gratitude.

Un grand merci à mes parents à qui je dois ce que je suis devenue.

www.ingramcontent.com/pod-product-compliance
Lightning Source LLC
Chambersburg PA
CBHW021035210326
41598CB00016B/1025